◆はじめに◆

　6年生の子どもたちと「植物の体とくらし」の勉強をしたときのことです。植物は葉で日光を受けて光合成して栄養をつくっていることを学んだあと、校庭に出ていろいろな植物の葉のつき方を観察しました。教室に戻ってきて、ひとりの子どもは次のようなことをノートに書きました。
　「植物は葉で光合成して生きているのだから、ぼくは日光が葉によく当たるようについているのではないかと思った。実際に、花壇に生えているホウセンカを真上から見ると、全部の葉が重ならないように互い違いについていた。サクラの木を下から見上げると、葉がすき間なくついていて、その内側の日光が届かない所には葉がなかった。だから木登りができるんだなと思った。メタセコイヤの木の葉はクリスマスツリーのように下から上にいくにしたがって少なくなっていて、どの葉にも日光がよく当たるようなつき方をしていた。今までこんなことは全然気がつかず何となく見てきたけれど、植物の葉のつき方にもちゃんときまりがあるなんて、びっくりした。」
　ひとつのことを学んで、そういう目で身のまわりの自然を見てみると、今まで気づいてなかった新しい世界が広がって見えてくる、それが理科の勉強のおもしろさです。
　理科の教科書を開いて「何を教えたらよいかわからない」と悩んでいる先生の声を聞くことがあります。それぞれの単元で何をだいじにしたらよいかというポイントをはっきりさせて、そのねらいにそった授業をすれば、子どもたちは「理科がだいすき」と言うようになります。
　本書には、6年で学習する全単元のねらい、指導計画をはじめ、1時間1時間のねらいと学習課題が書かれています。そして、課題提示の仕方や話し合いを進めるときの教師の役割、実験の留意点、ノート指導など、それぞれの執筆者が豊かな経験の中で培ってきた授業の進め方のノウハウが書かれています。
　参考になりそうな部分があったら、ぜひ参考にして工夫した授業をしてみてください。まねできることはおおいにまねてみて下さい。そうすることが、子どもたちが理科の学力を身につけることにつながると思います。

小佐野 正樹

目　次

編集担当：小佐野 正樹

はじめに

1．ものの燃え方〜気体の性質〜　　　　　　　　　　八田 敦史…01

　※コラム　空気の重さをはかるボンベの作り方　　小佐野 正樹…10

　※コラム　飛び回る気体分子の話　　　　　　　　小佐野 正樹…11

2．植物の体とくらし　　　　　　　　　　　　　　小林 浩枝…12

　※コラム　アカジソの葉が赤いのは？　　　　　　小佐野 正樹…19

3．生物の体をつくる物質・わたしたちの体　　　　宮﨑 亘…20

　※コラム　直立二足歩行する動物—ヒト
　　　　　　足が長くて大きいヒト
　　　　　　道具を使う手
　　　　　　大きくなったヒトの頭　　　　　　　　小佐野 正樹…27

4．太陽と月　　　　　　　　　　　　　　　　　　樋口 明広…28

　※コラム　地球が回っている速さは…？　　　　　小佐野 正樹…34

5．水溶液の性質〜酸のはたらきを中心に〜　　　　長江 真也…35

　※コラム　ぷよぷよ卵をつくる　　　　　　　　　小佐野 正樹…38

　※コラム　「中和」のはなし　　　　　　　　　　小佐野 正樹…43

6．大地のつくりと変化　　　　　　　　　　　　　中嶋 久…44

7．てこのはたらき〜てんびんとの違いに気をつけて〜　山口 勇藏…50

　※コラム　いろいろな回転する道具　　　　　　　小佐野 正樹…55

8．電気と私たちのくらし　　　　　　　　　　　　河野 太郎…58

9．生物どうしのつながり〜生物と環境〜　　　　　佐久間 徹…62

おわりに

ものの燃え方〜気体の性質〜

埼玉県公立小学校

八田 敦史

〈教科書の内容を充実させるには〉

　教科書では、閉じた空間では物が燃え続けることができないことをたしかめた後、酸素など空気の成分である個別の気体の性質を調べさせています。

　空気は混合気体です。空気を構成する窒素や酸素、二酸化炭素、それぞれが異なる性質をもっています。これらの気体の割合が変化することで、燃焼前後の変化が起こるのです。

　いずれの気体も無色透明ですが、質量をもち、場所を占めるという点は共通しています。気体も物質のひとつですが、子どもたちは目に見えずつかむこともできない気体を物として認識することができていません。気体の共通した性質を理解することで、気体も物のひとつであることをたしかにし、教科書の内容をより豊かにしたいと考えます。

到達目標

　どの気体も無色透明だが重さと体積があり、それぞれの気体には固有の性質がある

指導計画

（最低でも二重囲みの2時間目から6時間目は扱いたい）

時　間	学習内容
1時間目	ボンベに空気を押し込むことができる
2時間目	空気を押し込んだボンベはわずかに重くなる
3時間目	空気1Lの重さは約1.2gである

4時間目	二酸化炭素は1Lあたり約2gで、水によく溶ける。二酸化炭素の中では物は燃えない
5時間目	窒素は1Lあたり約1.2gで、水にほとんど溶けない。窒素の中では物は燃えない
6時間目	酸素は1Lあたり約1.4gで、水にはほとんど溶けない。酸素の中では物は激しく燃える。 ブタンは1Lあたり約2.5gで、水にはほとんど溶けない。ブタンの中では物は燃えないが、ブタン自体が燃える。
7時間目	複数の気体が混ざっても、それぞれの気体の性質は残る。
8時間目	気体はそれぞれ混ざり合い、混合気体をつくる。
9時間目	空気は、窒素：酸素＝8：2が混ざり合った混合気体である。

授業の流れ

1 時間目　（ボンベの作り方は、P10に）

ねらい・・・空気には体積があり、圧縮性がある

　ボンベ（写真1）を見せます（バルブの部分は隠しておく）。「これは何？」と聞くと、「空き缶」「ボンベ」などと答えるので、ボンベであることを教えます。次に「ただのボンベではない」と告げ、バルブをハンダ付けした部分を見せて回ります。数人の子が「自転車のタイヤについてる道具だ」と気づきます。ボンベに自

転車のタイヤのバルブがついているものであることを伝えます。

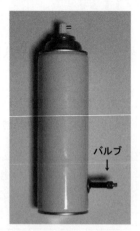

写真1

この実験道具は子どもにとってブラックボックスなので、構造を簡単に説明します（写真2）。ボンベには穴があいていて、その上にバルブが付いていること。バルブの中の部品は、ゴムのすき間を通って外からきた空気は入るが、中にある空気はゴムがじゃまして外には出られない仕組みになっていること。これらを説明します。

写真2

「ボンベの中には空気が入っている？」と聞くと、ほとんどの子は入っていると答えます。時々、強固に「入っていない」と主張する子もいますが、その場合は、ペットボトルなどを見せフタを開けたとき、中に空気は入っているのかどうか問います（それでも入っていないと言う場合は、水中で泡が出る様子を見せます）。「どのくらい入っている？」と聞くと、「ボンベいっぱい」「ボンベの分」「満タン」などと答えてくれます。

自転車の空気入れを取り出し、空気入れの出口とボンベのバルブ部分をつなぎ、課題を出します。

〈課題〉
空気が満タンに入っているボンベに、さらに空気を入れることができるか

課題に対する〈自分の考え〉を書かせます。最初に考えの結論「ぼくは入れることができる（できない）と思います」を書き、その後に、そう思った理由、例えば「4年生の勉強で、注射器に空気を入れて押したら縮んだので、空気入れで押したら縮むと思うからです」を書くよう指示します（カッコ内は一例）。時間は7分位を目安とします。子どもが考えを書いている時は、子どものノートを見て回り、課題をちゃんと理解しているか確認します。課題が理解できていない様子の時は、手を止めさせ、再度課題を説明します。また、支援が必要な子がいる場合には声をかけます（課題を書くよう指示する、「どう思う？」と問い口語で答えた内容を記述させる、など）。この巡視のなかで、議論させたいことを書いている子を把握しておきます。

〈自分の考え〉を書いた後は、何を根拠にどう考えたのか、意見を聞きます。まず「見当がつかない（わからない）人？」「できると思う人？」「できないと思う人？」と聞き、挙手により人数分布をとって黒板に記録します。

意見を聞くときには、「見当がつかない（わからない）」子たちの考えから聞きます。わからない子は考えに自信が無いからです。次に少数意見の考えを聞きます。ノートに書いてあることを読むので、比較的どの子も発表することができます。必ず一つの考えに対して数人に発表してもらうようにします。自分と同じような事を書いていると、「同じです」と言う子もいますが、表現は異なるのでその子の表現で発表させるようにします。

考えの発表が終わったら、「質問や意見はない？」と聞き、互いの考えについて賛成意見や反対意見を出させ議論させます。この課題では、4年生の「空気と水」の学習（空気は縮む）を

根拠としている考えと、もう満タンだから入らない（空気に体積がある）という考えで対立します。この対立点が明確になったところで、議論を終了します（発表と議論で12分ほど）。子どもから意見が出ない場合は、「できるという人たちは、空気が縮むと言っているのだが、この意見についての考えを聞きたい。」「○○君は満タンに入っているから、もう入らないと言っているが、他の人はどう思う？」などと質問し、対立点がはっきりするようにします。

今度はノートに〈人の意見を聞いて〉を書かせます。友達の意見を聞いた上で、課題に対して自分がどう思うのかを書きます。まず考えを変えるのか変えないのか「ぼくは意見を変えます（変えません）」を書き、その後に、だれのどんな意見を聞いてどう思ったから変える（変えない）のか、例えば「○○さんが空気は満タンだからもう入れないと言っていて、△△くんも自転車に空気を入れるとき満タンになったら入らなくなると言っていて、ぼくも同じ経験があるからです」を書くように指示します。時間は5分位を目安とします。考えを書いている時は、子どものノートを見て回り、早く書けている子や全体に知らせたい考えを書けている子に発表させます。議論の後に、意見分布がどうなったのか再度挙手で確認し、黒板に記録します。

ようやく実験です。実験はどの考えが正しいのかをたしかめるのが目的です。実験の前に「もし空気が入ったら、どんなことがわかる？」と聞き、「空気が縮んだことがわかる」ことを確認します。「もし空気が入らなかったら、どんなことがわかる？」と聞き、「空気の場所があるから、別の空気は入れない（空気に体積がある）」ことがわかることを確認します。代表の子に空気入れで空気を入れさせます。静かに聞かせ、シューッシューッという音がしている事に気づかせます。子どもが押せなくなったら教師が最後に4・5回押します。「見た目は変化ある？」と問い、外見は変わっていないことを確認します。「どうしたら空気が入ったかどう

かわかるだろう？」と問い、「水中で出してみる」「ノズルを押してみる」などの意見を出させます。ノズルを押し、出る空気を子どもたちに当て、さらに空気が入ったことを確認します。「どうして空気が入ったの？」と聞くと、「空気が縮んだから」と答えます（「体積がないから」と答えるようなときは、ビニール袋に空気を閉じ込め、両手で押し手がくっつかない様子を見せ、体積があることを確認します）。再度、空気入れで空気を押し込み、今度は水中で空気を出し、長い時間泡が出続ける様子を見せ、空気が少しだけ縮んだのではなく、大きく縮んだことを印象づけます。

実験で見たことや聞いたことしたことを順序よく書くように指示し、今日の学習で何が分かったのか書くようにします。書いているノートを見て回り、支援が必要な子には声をかけます。今日の学習のねらいに迫る記述をしている子のノートを読ませ、時間がかかる子のヒントとします（時間は7分ほど）。

〈わかったことの例〉

空気が入っているボンベにさらに空気を入れることができました。4年生の勉強のように、おされた空気は縮むので、空気が縮んでもっと空気が入るのがわかりました。

※2時間目以降の授業も同じように展開します。

2 時間目

ねらい…空気には重さがある

上皿てんびんを子どもたちに見せます。「何につかう道具？」と聞くと、「重さを量る道具」と答えます。バルブ付きのボンベを見せ、一度バルブを開けて閉めるのを見せたのち、てんびんの片方の皿に載せます。反対の皿にねん土や分銅を乗せ、左右の皿が同じ高さになるようにします。両方の皿が同じ高さになった状態を「つりあう」ということを教え、同じ高さになっているということは、ボンベの重さとねんど（分銅）の重さは同じである事を確認して、課題を出します。

ものの燃え方〜気体の性質〜　03

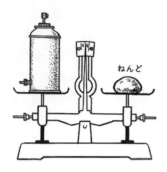

〈課題〉
このボンベにさらに空気を入れて、上皿てんびんにのせる。のせた皿は、同じ高さになるか、上がるか、下がるか

　半分くらいの子は、空気に重さがないと思っています。生活経験（普段重さを感じない、風船に空気を入れても重くならないなど）を多く出させ議論させます。
　空気をさらに入れたボンベを乗せて、皿が同じ高さだったら空気には重さがない、皿が上がったら空気を入れるほど軽くなる、皿が下がったら空気には重さがある、ということを確認しておきます。実験は、空気入れで空気を押し込んでから再度皿に載せるだけですが、結果は明快です。
　ボンベを乗せた皿が下がった状態で、「ボンベから空気を抜いたら皿の位置はどうなる？」と聞くと、皿が元の高さに戻ると答えます。バルブを緩めると、「シュー」という音と一緒に空気が抜けるにつれ、皿がだんだん上がっていき元の同じ高さで止まります。

〈わかったことの例〉
　空気を入れたボンベをのせると、皿が下がりました。入れた空気をぬくと、皿がだんだん上がり元の位置までもどりました。ふだん感じないけど、空気にも重さがあるのがわかりました。

3 時間目
ねらい…空気の重さは1Lで約1.2gある

　「空気の1L分の重さを知りたい。どうしたら調べることができるか」と聞き課題を出します。

〈課題〉
空気1L分の重さを調べるにはどうしたらよいか

　空気を押し込んだボンベから1L空気を抜く前と抜いた後の重さを比べる、という方法を書ける子がいるでしょう。議論はせず、方法を確認するだけです。どうしても子どもから方法が出ない場合は、教師から提示しましょう。
　まず、空気を押し込んだボンベの重さを上皿天秤で量ります。1Lのメスシリンダー（なければ500mLのメスシリンダー2本）を使用し、水上置換法（水と気体を置き換える方法）でボンベから空気1L分を量りとります。メスシリンダーを水中で逆さまにするときには、口にラップフィルムなどをかぶせて作業すると、中の水をこぼさずに作業できます（写真3）。

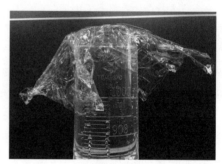

写真3

　再度ボンベの重さを量ると、約1.2g軽くなっています。このことから、空気1Lは約1.2g（1.2g/L）であることがわかります。

【水上置換法のポイント】
ボンベに付属のホースと径があう長いストローをつなげるとボンベを濡らさずに済む（写真4）

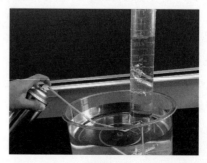

写真4

〈わかったことの例〉
　空気を入れたボンベから1L分空気をぬいて、前と後で重さを比べました。ぬいたあとは1.2g軽くなっていたので、空気の重さは1Lで1.2gだとわかりました。

　つけたしの話として、理科室（教室）内にある空気の重さを計算してもよいでしょう。教室の縦と横の長さと高さを調べ、掛け算して教室の容積（m³）を求めます。1m³ = 1000Lなので、1.2g/Lをかけると、部屋全体の空気の重さを求めることができます。想像以上に重い空気に囲まれて生活していることに驚くことでしょう。

4時間目

ねらい‥‥水によく溶け、1Lあたり約2gの
　　　　　二酸化炭素という気体がある
　　　　　二酸化炭素の中では物は燃えない
　　　　　二酸化炭素は石灰水を白くにごらせる

　二酸化炭素のボンベに紙を巻くなどして、中身がわからないようにしておきます。ノズルとホースをつなぎ、気体をビニール袋に入れ、ふくらんだら口をしばります。「ボンベには何が入っている？」と聞くと、「空気」と答えます。「どうして空気が入っているとわかった？」と聞くと、袋がふくらんだから、袋の中に何も見えないから、と答えます。ビニール袋を両手で押さえさせ、手と手がつかないことから、体積があることを確認します。「目に見えなくて、体積があるのは空気と同じだけど、本当に空気だろうか？」と問い、子どもが「1Lの重さ（密度）を調べればいい」と言ってくれれば、そのまま課題にします。言ってくれなければ、重さを調べれば空気かどうか調べられることを伝え、課題を出します。

〈課題〉
　この気体の1Lの重さ（密度）を調べるにはどうしたらよいか。

　この課題は、前時の復習程度なので、考えを発表させ方法を確認したらすぐに実験にうつります。教師実験で1Lの重さを調べると、約2gあることがわかります。空気の密度とは異なるので、空気ではないことがわかります。
　「本当に空気ではないのか、他にも調べる方法がある。物の性質を調べるには、水を使ったり、火を使ったり、薬品を使ったりしたときの違いで見分けることができる。」と説明し、水を使った実験・火を使った実験・薬品を使った実験を行います。
　まず、水に溶けるかどうかを調べます。

写真5

　先を閉じた注射器に水と気体を入れてよく振る（写真5）と、空気はほとんど水に溶けないのでピストンの位置は変化しませんが、二酸化炭素は水によく溶けピストンが下がることがわかります。
　次に、火を使った実験です。気体を水上置換法で集気瓶に集め、ガラスのふたをします。空気が入った集気瓶も一緒に並べます（写真6）。ロウソクに火をつけ、「空気中ではロウソクは燃えるね。この気体の中ではどうだろうか」と問いかけ、炎を二酸化炭素に入れます。炎が集

気瓶の口に入った瞬間消えるので、空気とは違う気体であることがわかります。子どもたちは炎が消えるという印象的な経験から、「二酸化炭素は火を消す性質」があると思いがちです。正確には「酸素がないと燃えない」ので、空気中では燃えるが、この気体の中では燃えない、と覚えてもらいます。空気中と二酸化炭素中での燃え方の違いを意識させるようにしましょう。

写真6

　薬品を使う実験は石灰水（水酸化カルシウムを水に入れ沈殿した後の上澄液）を使います。石灰水という薬品であることを教え、空気が入った集気瓶に入れて振ります。何も起こらないことを確認し、次に二酸化炭素が入った集気瓶に入れて振ります。すると、石灰水が白くにごります（炭酸カルシウム水溶液ができる）。あまり振りすぎると、さらに化学変化が進んで再び透明に戻る（炭酸水素カルシウム水溶液ができる）ので、振るのは数回で十分です。

　最後に、隠していたボンベの表示を見せ、今回のボンベの中に入っていたのは「二酸化炭素」という気体であることを教えます。空気の性質と二酸化炭素の性質を比較し、同じところと違うところを明らかにします。

〈わかったことの例〉

　今日調べた気体は二酸化炭素だった。空気とは違って、1Lの重さは2gあり、水にもよく溶けた。また、石灰水を入れると白くにごった。二酸化炭素に火を入れると消えるのが驚いた。

5時間目

ねらい‥‥水にほとんど溶けず、1Lあたり約
　　　　1.2gの窒素という気体がある
　　　　窒素の中では物は燃えない

　窒素のボンベに紙を巻くなどして、表示が見えないようにしておきます。ノズルとホースをつなぎ、気体をビニール袋に入れ、口をしばります。「ボンベには何が入っている？」と聞くと、「空気」と答えます。「本当に空気？」と聞くと、二酸化炭素の学習の記憶から、「二酸化炭素」や「気体」などと答えます。ビニール袋に気体を集め両手で押さえさせ、手と手がつかないことから、体積があることを確認します。「目に見えなくて、体積があるのは空気と同じだけど、本当に空気だろうか？」と問い、課題を出します。

〈課題〉
　この気体は空気か、それとも二酸化炭素か、それとも別の気体か。どうしたら調べることができるか。

　前時の学習を使って、密度を調べる・水に溶けるか調べる・火を入れて調べる・石灰水で調べる、などの方法を書くことができるでしょう。どの方法でどうなったら何の気体なのかも書ける子は書くように指示します。

　調べ方を確認したら、実験でたしかめます。密度と水の溶け方は教師実験で、火を使った実験と石灰水を使った実験は児童実験で行います。密度を調べると、約1.2g/Lでほとんど空気と変わりません。子どもたちは「空気だろう」と考えます。「この気体は水に溶けるだろうか？」と聞きます。多くの子は空気と考えていますので、「溶けない」と答えるでしょう。たしかめてみると、やはり水にほとんど溶けません。「やっぱり」と言うので「じゃあ、この気体は空気だということでいい？」と言うと、「火や石灰水も使わないとはっきりしない」と主張するでしょう。道具を準備させ、火を入れる実験と石灰水を入れる実験を行わせます。火を入れ

ると炎は消え、これまでの予想が覆るので驚きます。「ということは二酸化炭素？でも密度が違う…」と思って石灰水を入れると濁りません。ここでようやく、空気でも二酸化炭素でもない別の気体である事がわかります。今回の気体は「窒素」という気体である事を教えます。

複数の性質を調べてようやく物質の同定ができる、という感覚が身につくことと考えます。

〈わかったことの例〉

今日も新しい気体がでました。気体の名前は窒素です。1Lの重さは空気と同じくらいで1.2gだったけれど、火は燃えませんでした。二酸化炭素かと思ったけど、石灰水はにごりませんでした。

ねらい…水にほとんど溶けず、1Lあたり約
　　　　1.4gの酸素という気体がある
　　　　酸素中では物は激しく燃える
　　　　水にほとんど溶けず、1Lあたり約
　　　　2.5gのブタンという気体がある
　　　　ブタンの中では物は燃えないが、ブタン自体が燃える気体である

酸素のボンベ、ブタンのボンベに紙を巻くなどして、表示が見えないようにしておきます。ノズルとホースをつなぎ、2つのビニール袋にそれぞれの気体を入れ、口をしばります。「ボンベには何が入っている？」と聞くと、さすがに「空気」と言わず「気体」と答えます。「見た目は？」と問い、どちらも無色透明である事を確認します。気体を集めたビニール袋を両手で押さえさせ、手と手がつかないことから、どちらも体積があることを確認して、課題を出します。

〈課題〉
この気体は同じ気体か、別の気体か。どうしたら調べることができるか。

ここでも、密度を調べる・水に溶けるか調べる・火を入れて調べる・薬品を使う、などの考

えが出るでしょう。同じ結果になれば、同じ気体であることを確認し実験をします。まず、教師実験で水に溶けるかどうかを調べます。すると、どちらもほとんど水に溶けません。次に火を入れてみます。火を入れたときの違いで、2つは別の気体であることがわかります。酸素はロウソクの炎が明るく光り激しく燃えます（写真7－1）（「空気中と変わらない」と感じる子がいる場合は、集気瓶に入れた空気の中で燃やしたロウソクの炎と比較させます）。

ブタンに火を入れると集気瓶の口の辺りで大きく炎を上げます（安全のため、ロウソク立ては途中で曲げておきます）。ところが、気体の中でロウソクの火は消えています（写真7－2）。ロウソクの炎に子どもが気づかない場合は、何度か実験を繰り返します（ブタンの炎を消すときはガラスのふたをかぶせるだけです）。

写真7-1　　　　　写真7-2

石灰水を入れてみてもどちらも無色透明のままです。最後に1Lの重さを調べると、一方は約1.4g、もう一方は約2.5gです。密度が1.4g/Lで気体中でロウソクの炎が激しく燃えた気体を「酸素」、密度が2.5g/Lで気体中で物は燃えないが気体自体が燃えた方を「ブタン」であることを教えます。

〈わかったことの例〉

2つの気体は別の気体でした。1つは酸素で、ロウソクの火が明るく燃えました。もう1つはブタンで、ロウソクの火は消えたれけどブタンが燃えました。ブタンはカセットコンロに使われているそうです。見た目や水への溶け方は同じだけど、重さや火を入れたときの様子が違い

ものの燃え方～気体の性質～　07

ました。

7時間目
ねらい…複数の気体が混ざっても、それぞれの気体の性質は残る

2つの集気瓶に酸素と二酸化炭素をそれぞれ水上置換法で集めます。フタをして2つの集気瓶の口同士を合わせて、フタをとります（写真8）。

写真8

くっつけた集気瓶の中に消しゴムを入れ、よく振ります。「何をしていると思う？」と聞くと、「気体を混ぜている？」と答えます。二つの気体がよく混ざったことを確認しフタをして、課題を出します。

〈課題〉
集気瓶に火がついたロウソクを入れる。火はどうなるか。

酸素の中では炎は激しく燃え、二酸化炭素の中では燃えないという性質を考えた意見が出ます。激しく燃えた後消える、ついたり消えたりする、空気中と変わらず燃える、消える、などの考えが出るので、議論させます。

明確な根拠があるわけではないため、ある程度意見が出たら実験でたしかめます。それぞれの結果によってどのような事が言えるのかを確認しておきます（例えば、空気中と変わらず燃えると酸素中で激しく燃える性質と二酸化炭素中で燃えない性質の中間になる、など）。

気体中に火を入れてみると、空気中より激しく燃えます。「これはどんな性質？」と聞くと、「酸素の燃やす性質」と答えます。「それでは二酸化炭素の性質は無くなったの？どうしたら調べられる？」と聞くと、「石灰水を使うとわかる」と答えます。石灰水が濁らなかったら酸素の性質だけ残り二酸化炭素の性質はない、石灰水が濁ったら酸素の性質も二酸化炭素の性質も残っていることであることを確認して、石灰水を入れます。石灰水は濁り、酸素の性質も二酸化炭素の性質もあることがわかります。

つけたしの話として、複数の気体が混ざった気体を「混合気体」とよぶことを教えます。
〈わかったことの例〉
酸素と二酸化炭素を混ぜた気体に火を入れると明るく燃えました。酸素の働きが強いと思ったけど、石灰水を入れたら白くにごりました。二酸化炭素の働きもありました。気体をまぜても両方のはたらきがあることがわかりました。

8時間目
ねらい…気体はよく混ざり合う

2つの集気瓶に酸素と二酸化炭素をそれぞれ水上置換法で集めます。フタをして2つの集気瓶の口同士を合わせて、フタをとります（この時、酸素の集気瓶が上、二酸化炭素の集気瓶が下になるように置く）。このまましばらく置いておくことを伝え、課題を出します。

〈課題〉
下にある集気瓶に火がついたロウソクを入れる。火はどうなるか。

今回は意図的に混ぜていないので、酸素と二酸化炭素が混ざるかどうかが議論の焦点になります。二酸化炭素の方が重いので下にあると考え、火が消えると予想する子も多いですが、酸素が混ざって7時間目と同じように燃えると予想する子もいます。

それぞれの考えのような燃え方をしたら、酸素と二酸化炭素がどうなっていたといえるのか、を確認して下の集気瓶に炎を入れます。7時間目と同じように空気中よりも激しく燃えます。混ぜていないのに酸素が下の集気瓶にも自然と混ざったことがわかります。

今度は「上の集気瓶には二酸化炭素はある？」と問います。子どもたちは、酸素が混ざっているなら二酸化炭素も混ざっていると予想します。石灰水を集気瓶に入れると白くにごり、上の集気瓶に二酸化炭素があり、お互いの気体が混ざり合ったことがわかります。

どうして混ざり合うのかを説明する場合は、小さくて目には見えないけれど酸素の粒や二酸化炭素の粒が高速で飛び回っていることを話します。

〈わかったことの例〉
どちらの集気瓶もよく燃え、石灰水が白くにごりました。どちらの集気瓶にも酸素も二酸化炭素もあるということです。気体は混ぜなくても勝手に混ざってしまうということがわかりました。

9 時間目

ねらい・・・空気は窒素8：酸素2の割合で混ざった混合気体である

事前に集気瓶に目盛りをつけておきます。(写真9)

3本の集気瓶に水上置換法で酸素と窒素を入れ、それぞれ窒素9:酸素1、窒素8:酸素2、窒素5:酸素5になるよう気体を調整し、実験のやり方を見せます。

「空気はいくつかの気体が混ざった混合気体です。窒素と酸素が主な成分です。では空気は窒素と酸素がどの割合で混ざった気体でしょう

写真9

か。」と問いかけ、挙手で意見分布をとります。理由を言える子がいれば発表させてもよいでしょう。

作業課題として調べさせます。

〈作業課題〉
空気と同じ割合の混合気体はどれか調べましょう。

炎が空気中と同じ燃え方をする気体が、空気と同じ割合の気体であることを確認し実験させます。9：1の気体では火が消え、5：5の気体では激しく燃えることから、8：2の気体が空気と同じ割合である事がわかります。

教科書のグラフでも確認し、空気には4/5の窒素と1/5の酸素の他に、わずかに二酸化炭素が含まれていることを教えます。

〈わかったことの例〉
窒素と酸素が9：1では火は消え、5：5では強く燃えました。8：2では空気中と変わらない燃え方だったので、空気は窒素8：酸素2が混ざっていることがわかりました。

参考文献
玉田 泰太郎『新・理科授業の創造』新生出版

＊）P11の子ども用の読物資料
「飛び回る気体分子の話」もご利用ください。

ものの燃え方〜気体の性質〜　09

空気の重さをはかるボンベの作り方

《材料と道具》

　理科室に使用済みの実験用の気体の空のボンベがころがっていると思います。それから、自転車屋さんに頼んで、自転車の古いタイヤチューブに付いていたバルブをもらってきます。空気の重さをはかるボンベの材料は、このふたつです。

　他に、釘、金づち、紙やすり、ハンダ、ガスバーナー、ペンチ、自転車の空気入れ、水槽を使います。

《作り方》

1、空ボンベの下から3～4cmくらいの所に釘と金づちで穴をあけて、穴のまわりを紙やすりできれいにみがいておきます。

2、自転車のバルブは、中の虫ゴムをはずしてから、余分なゴムをガスバーナーで焼いてとってしまいます。そのあとを、紙やすりできれいにみがいておきます。

3、バルブにハンダを5～6回巻き付けます。

4、横にねかせたボンベの穴にバルブの穴を合わせてのせます。この時、バルブの穴に釘を1本入れておくと、合わせやすいです。

5、ハンダをガスバーナーの炎で熱すると、バルブがボンベに接着されます。ハンダがまんべんなくとろけるように、炎を少し離したところからゆっくり熱することと、ハンダがとろけ始めたらすぐに炎を離すのがコツです。

6、よく冷えてから、虫ゴムを取り付けるとできあがりです。

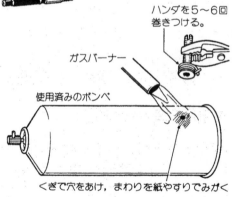

7、空気入れをバルブにつないで空気を入れてみて、水槽の水の中にバルブの接着個所をつけてみて、うまく接着ができて空気がもれていないか、点検してみると良いでしょう。

（小佐野　正樹）

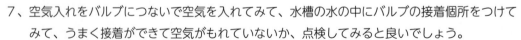

飛び回る気体分子の話

　物はみんな「分子」といわれるひじょうに小さな粒からできています。この分子の大きさは、直径がおよそ0.00000001cm（1億分の1cm）ぐらいで、顕微鏡を使っても見ることができません。

　気体の分子と分子の間は、分子自体の大きさに比べるとかなり大きいすき間があります。ボンベにたくさんの空気を押し込むことができたのは、すき間があったからなのです。気体にくらべて液体や固体の物がほとんど押し縮められないのは、分子と分子のすき間がずっと小さいので、もうそれ以上すき間を小さくすることができにくいからです。

　気体は、分子と分子の間が大きくあいているということで、気体の分子の数は少ないのではないかと考えるかもしれませんが、空気1Lの中にはなんと1兆の3000万倍ぐらいの数の分子が入っているのです。それでも、分子の大きさからみればすき間だらけです。そのすき間には何もなく、からっぽなのです。この何もない空間のことを「真空」とよんでいます。空気をビニル袋に入れるとビニル袋はすき間だらけなのです。それでもビニル袋がしぼまないのはどうしてでしょう。

　気体の分子は、1秒間に数百メートル、つまり時速数百キロメートルという新幹線よりもはるかに速いスピードで一直線にいろいろな方向に飛び回っているのです。気体を入れ物に入れると、たちまち入れ物いっぱいに広がるのは、気体の分子が飛び回っているためです。また、酸素と二酸化炭素を入れた集気びんの口を重ねてしばらく置いておいたら勝手に混合気体になってしまったのも、それぞれの分子が飛び回っていたからです。

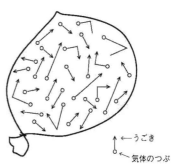

　気体の分子はいっぱい飛び回っているので、つぎつぎにほかの分子にしょうとつしてしまいます。1秒間に1億回ぐらいしょうとつし、はねかえってはまた直進しているのです。このような分子がビニル袋の内側にもぶつかっているのでビニル袋はつぶれないというわけです。

（小佐野 正樹）

植物の体とくらし

元埼玉県公立小学校
小林 浩枝

生物は生きていくために養分が必要である。動物は他の生物を食べて養分をとっている。植物は光合成をして、養分（でんぷん）を自分で作り生きている。ここが同じ生物でも、植物と動物の大きな違いだ。植物は、養分を作るための体のつくりをしている。このことをしっかり理解させたい。

植物を育てるには日光が必要だということは、5年生までに学んでいるが、この学習では、なぜ日光が必要なのかを理解させることが目標である。

植物が緑の葉をつけていることは当たり前のことではなく、光合成をするためで、枝も勝手に伸びているのではなく、日光に当たるためなのだと分かると、植物も生きているのだということが実感できる。植物のくらしも分かるような内容にしたい。

〈到達目標〉

植物は、自分で養分（でんぷん）を作って生きている。

〈具体的内容〉

・植物は、日光のはたらきによって、緑の葉で、でんぷんを作っている（光合成）。
・植物の葉は、日光に当たるように重なり合わないようについている。
・植物は光合成ができるように時期をずらしたり、すみ分けをしたりしている。
・植物は水を取りいれるための体のしくみをもっている。

指導計画

第1時

ねらい 動物の食べ物をたどると植物にいきつく。

課題：動物は他の生物を食べて生きている。

動物の食べ物をたどってみよう。

初めに、例を示す。

ライオン→シマウマやインパラ→草

「このように食べ物をたどってみましょう」

と言って、カマキリ、ワシ、サメは何を食べるか考えさせ、答えられた物を矢印を使って黒板に書いていく。

動物の食べ物をたどっていくと、最後は植物になることを発見させる。そして、動物は植物の体で支えられていることに気づくだろう。話し合いの後、ノートにわかったことを文章でまとめさせる。

第2時

ねらい 植物は養分（でんぷん）を自分で作っている。

課題：植物は何を養分としているだろうか。

動物は他の生物を食べ養分を取っていることが前時でわかったが、では植物は？という課題である。根から肥料を吸い上げていると考える子どもが多いが、日光も必要なんじゃないかという子どももいる。

これは、子ども達の力では解決できないので、次のプリントを配布し、説明をする。

「昔は、植物は根から土を取り入れ、それを養分にしていると考える人がいました。それは正しいのでしょうか。実験をして確かめた人が

いました。ファン・ヘルモントという科学者です。1648年に2kgのヤナギの木を90kgの土に植えて水だけをやって育てました。ヤナギの木は5年間で76kgにも成長しました。ヤナギの木が大きくなった分、74kg分の土が減っているか調べました。土は0.056kgしか減っていませんでした。そのことから、植物は、土を取り入れて成長しているのではないことがわかりました。そこでヘルモントは、水だけをやって育てたので水だけで植物は育つと結論づけました。

しかし、それから200年以上もたってから、植物はでんぷんを作ってそれを養分にして生きていることがわかってきました。葉の葉緑体に日光が当たると植物はでんぷんを作ります。これを『光合成』といいます。でんぷんの材料は空気中の二酸化炭素と根から吸い上げた水です。でんぷんを作っている時に、酸素が空気中に出されることもわかってきました。このように、動物は他の生物を食べて養分にしていますが、植物は自分で養分を作り出して生きているのです。」

次に、でんぷんを作っているかどうかを実験で確かめる。日光に当たった葉（ジャガイモ、カタバミなど柔らかな双子葉植物がよい）を取ってきてエチルアルコールの中に入れて、90℃の湯で湯煎する。しばらくすると、アルコールが緑色になってくる。葉を取り出してみると白くなっている。この白い葉を1分間ほど水につけてから取り出し、ヨウ素液につけてみると、青紫色になる。このことから日光に当たった葉にはでんぷんができていることがわかる（でんぷんの検出はたたき染めの方法もある）。

第3時

ねらい 日光が当たらない葉はでんぷんを作っていない。

課題：日光を当てない葉はでんぷんを作っているだろうか。

多くの子どもは、日光が当たらない葉はでんぷんは作っていないと考えるが、でんぷんは他の葉から送られるとか、前日のでんぷんが残っているから検出されると考える子どももいる。

前日からアルミホイルで包んで日光が当たらないようにしておいた葉で、前時と同じような実験をする。日光が当たらなかった葉はヨウ素液をかけても青紫色には変化しない。この実験からでんぷんを作るには日光が必要なことがわかる。

第4時

ねらい ふ入りの葉も緑の部分で光合成をしている。

課題：緑の葉の一部が白くなったふ入りの葉はでんぷんを作っているのだろうか。

白い部分はでんぷんを作らないで、緑の部分だけで、でんぷんを作ると考える子どもが多いが、植物の葉の色を重要視しない子どもは、何色でもでんぷんはできると考える。

ふ入りのアサガオや観葉植物のコリウスなどの葉を取って、前時にやったような実験をする。すると、緑色だった部分だけが紫色に変化して、白かった部分は変化しない。葉緑体のない白い部分では光合成をしないことを確かめる。植物の葉が緑色をしているわけがここでよく理解できる。

コリウスの葉

第5時

ねらい アカジソの葉にも葉緑体はあり、でんぷんを作る。

課題：赤い色をしているアカジソには葉緑体が

植物の体とくらし　13

あるだろうか。

葉緑体があると考える子どもは、「でんぷんを作らないと植物は生きていけないから葉緑体がある」と言う理由だ。作っていないと考える子どもは、「緑色をしていないので他の物ででんぷんを作るのかもしれない」という理由。

アカジソの葉をアルコールに入れて湯煎をすると、すぐに赤い色が溶け出て、葉は緑色に変わってくる。続けて、でんぷんを検出する実験をすると、でんぷんができていることがわかる。赤い葉にも葉緑体があってでんぷんを作っていることがわかる。顕微鏡で葉緑体を見せてもよい。

秋になると、イチョウやモミジは葉の色を赤や黄色に変化させる。子ども達から紅葉した葉は葉緑体がないのかという質問が出ることがある。紅葉した葉はでんぷんを作らず、葉は落ちてしまう。それまでに幹や枝や根に蓄えたでんぷんを使って冬を越す。夏の間は緑の葉をたくさん茂らせてでんぷんをたくさん作って幹を太くし、枝をのばして大きく成長する。木の幹を切ってみると、成長した季節とそうでない季節の差が年輪となって見える。こういう話もすると子ども達の関心が増すだろう。

※5時間目の授業の様子は、後の授業記録を参照。

第6時

ねらい 植物は日光に当たりやすいように葉をつける。

課題：ホウセンカの葉は、どのようについているだろうか。上から見た図をかきなさい。

3年生の時にホウセンカを育てた経験を持つ子どももいるが、葉の付き方など気にもせずに過ごしてきたので、改めて聞かれると「えー」という反応が多い。それに、どのようにという課題に戸惑う子どももいるので、3つ選択肢を与えてもよい。

　　A：規則正しく、並んでいる
　　B：並ばずに四方八方に広がる

　　C：その他

光合成ということから考えて、「葉が重ならないようにどの葉にも日光が届く」という意見が出ると、この課題は今までの学習とつながっているのだと気づく子どもが多い。

ホウセンカの葉を上から観察させ葉が重なっていないことを確かめさせる。ユリやハルジオンなど他の植物も2、3観察させるとよくわかる。

子どもが書いたホウセンカの葉を上から見た図

第7時

ねらい 校庭の植物の観察をする。植物は日光が当たりやすいように枝をのばし葉をつけている。

課題：校庭の植物の日光取りの様子を見よう。

課題を出してから校庭に行き、木々を見て行く。大きな木の下に行って空を見上げ、空が見えないくらいにたくさんの葉を広げている様子を見せる。とくに、枝の先に葉をつけていて、内側には葉がないことがわかる。ここで内側はなぜ葉がないのか考えさせる。

また、大きな木の下は日陰になっていることが多いので、他の植物が少ないことにも気がつくだろう。

キンモクセイなどの垣根の中はどうなっているのか予想させてから、実際に枝をかき分けてのぞいて見る。中は暗く日光が届かないので葉がないことがわかる。

また、ヤブカラシやクズなどの植物は、貯蔵

でんぷんを使ってつるが立ち上がり、背の高い植物に巻き付けて伸びて行き、日光がよくあたる所で葉をつけて光合成をしている。その様子を見せる。

教室に帰ってきたら、見てきたことをノートに記録させる。

第8時

ねらい 植物は日光に当たるように、他の植物とすみ分けをしているものがある。

課題：オオバコは背が低い植物である。草むらの中に生えているだろうか。

今までの学習で、植物には日光が必要なことが分かっているので、オオバコは、日光に当たりやすい場所に生えていて、背の高い草の生えている草むらには生えていないだろうと子ども達は予想する。

実際に外に出て探してみると、オオバコは人に踏まれるような道路の端に生えていて、草むらにはないことがわかる。

タンポポは、冬は地面にはりつくように葉を広げているが、春になって他の植物が伸び始めると、葉を立てて日光に当たるようにしていることを話し、実際に見せると、日光に当たるための植物のくらしがよくわかってくる。

第9時

ねらい 水は根から吸い上げられて茎を通り葉に行く。

課題：発芽したハツカダイコンの根を予想して書いてみよう。

ハツカダイコンの種をしめった紙の上に何日か置いておくと、根が出て、その先には毛のような小さな根（根毛）がでてくる。根の先を紙でかくして課題を出す。子ども達は根の先に5、6本の根毛を

子どもが書いた根毛の図

かく。実際に見るとびっしりと根毛があることに子ども達は驚く。ここから水を吸い上げていることが理解できる。

根から吸い上げた水は、茎を通って葉に運ばれる。根のついているホウセンカを赤い食紅を溶かした液に2、3時間ひたしておき、茎を切ってみると水が通った管が赤くなって見える。これを顕微鏡で観察する。

第10時

ねらい 葉に行った水分は光合成等で使われ、葉から蒸散していく。

課題：ホウセンカにポリエチレンの袋をかぶせて1日おいておくと、袋の内側に水滴がつく。この水はどこからきたのだろうか。

袋の下は閉じてあるので、外から水が入ることは考えられず、ホウセンカの体から水が出ているだろうと予想する子どもが多い。

そこで、葉のついたホウセンカと葉の付いていないホウセンカにビニル袋をかけ、しばらくしてその変化を見させる。この結果から葉から水が出ていることが予想できる。

つぎに、葉の裏の薄い皮を顕微鏡で観察させる。そこで出口らしきものがあるのを発見する。「気孔」という、余分な水分を外に出すところがあることを教える。

第11時
まとめ・テスト

授業記録から

5時間目

課題 アカジソの葉には葉緑体があるだろうか。
　　ある　　　　　13人→22人（変更後）
　　ない　　　　　18人→16人
　　見当がつかない　7人→0人

討論の様子

t：見当がつかない人からどうぞ。

ＴＨ：葉が緑色じゃないから葉緑体はないと

植物の体とくらし　15

思った。でもそうすると、この植物には葉緑体がまったくないのと同じででんぷんがまったく作れないので、見当がつかないにしました。

ＨＳ：ＴＨさんと同じで、葉緑体があると葉は緑色になるけどアカジソの葉は紫色っぽい色でそうすると葉緑体がないから光合成ができなくて、てんぷんが作れないから、そうしたらどうやって生きていくのかなとよくわからなかったから、見当がつきませんでした。

ＭＺ：葉緑体は緑の葉にあって、アカジソは赤なのでよくわかりませんでした。

ＧＯ：この間の実験（コリウスの白い葉）にはなかったけど、こんどは種類がちがうからあるかもしれないと迷ったので、見当がつきませんでした。

ＯＺ：アカジソの葉は赤くて葉緑体がないと思うけど、前の実験では白かったのであるかもしれないし、ないかもしれないのでわからなかったので、見当がつきませんでした。

ＫＮ：アカジソは赤い葉で葉緑体は緑で緑だからないでもいいんだけど、もしアカジソに葉緑体がなかったら光合成ができなくて生きられないと思ったからわかりませんでした。

ｔ：では、あるという人どうぞ。

ＭＫ：モミジで考えると春は緑で秋に赤くなってモミジは葉緑体は変色して多分赤くなってあるんだと思う。

ＯＳ：その色は赤だけど、でんぷんを作るには葉緑体が必要。だからたくさんはなくても少しはあると思う。

ＴＮ：全体は赤いけど葉緑体がなかったら、光合成ができず枯れて、赤でも少し濃いから緑もまざっていると思う。

ｔ：混ざっているんだね。

ＳＹ：葉緑体がないと枯れてしまうし、それによく見ると緑っぽいと見えたからです。

ＩＭ：アカジソの葉は赤いけど葉緑体がなければアカジソは枯れてしまうのであると思います。

ｔ：まだいますか。では、ないという人。

ＭＵ：葉緑体は緑色なんだから緑色でない葉っぱは葉緑体がないから他の何かで生きていると思う。

ＫＤ：葉緑体は緑しかないないから、赤いところにはないと思う。

ＴＵ：課題は葉緑体があるかだから、アカジソは緑ではないから葉緑体はなくて他の何かがある。

ＳＴ：アカジソは緑色をしていないから葉緑体がないと思います。

（その後同じような意見を数名発言）

ｔ：反対や質問ありますか。

ＫＳ：ないという人に質問で、葉緑体がなかったら、どうやって栄養をとるのですか。

ｃ：同じです。

ｔ：それについて、どう？答えられる人いますか。

ＴＵ：葉緑体はないけどそのかわりになる物がついていると思います。

ＫＤ：アカジソは葉緑体はないけど、土の栄養とかで育っていると思います。

ＴＮ：今のＫＤ君の意見で、土の栄養だけだったら足りなくてすぐ枯れちゃうから違うと思います。

ＳＹ：今のＴＵ君に質問で、葉緑体以外の物って何ですか。

ＴＮ：よくわかりません。

ｔ：でもそういうものがあるって思ったんだね。

ＨＳ：今のＴＮ君の意見に反対で、前の勉強であの緑色のふ入りの白い部分にはでんぷんがなかったけど緑のまわりの緑色のところででんぷんをつくって、そこだけで生きてられたんだから、今のＫＤ君の意見で土から栄養をとって生きているんじゃないかなと思いました。

ＭＵ：花とかには日光があたらないで日陰だけで生きているものがあるし、そういう葉には葉緑体がなくて土から栄養をとるとかしていると思います。

ＴＵ：さっきのＭＫ君の意見に質問で、モミジ
　　が赤くなるのはいいけどその後に散って冬が
　　来るからこのアカジソも変色したんならもう
　　すぐ散るのですか。

ｔ：モミジと同じですかって。

ｃ：ちがうんじゃない（ぼそぼそ）。

ＭＫ：…（考え中）。

ＴＮ：もう一つＭＫ君に質問で、変色しちゃう
　　のは葉緑体がなくなって赤くなるってその後
　　にすぐ散っちゃうって言ったから、葉緑体が
　　あるなら散らないのに散っちゃうのはなぜで
　　すか。

ｔ：いろいろな意見が出ましたね。意見の変更
　　するのならここで変更して。

（子ども達はノートに「友だちの意見を聞いて」
を書く）

　　書けた人から発表していってください。

ＳＨ：ＫＳさんが言った葉緑体がないと生きら
　　れないという意見に賛成です。

ｔ：意見変えるわけじゃないの？

ＳＨ：変える。

ｔ：ないからあるに変える？
　　他に意見変える人いますか。ないからあるに
　　変える人。

ＨＫ：土から栄養がとれるから葉緑体はいらな
　　いというＫＤ君の意見で、植物は自分で栄養
　　を作ると前に勉強したから、それには原料に
　　なる水や二酸化炭素、葉緑体がなくてはいけ
　　ないから、そうすると栄養はとれないから葉
　　緑体はあるに変えます。

ｔ：では見当がつかないからあるに変える人。
　　3人ですね。あっ4人。

ＧＯ：あるという意見に賛成です。あるという
　　人の意見を聞いていいと思ったので変えます。
　　葉緑体がないと生きていけないと聞いたので
　　意見を変えます。

ＭＺ：私はＴＮ君の意見を聞いて葉緑体がない
　　と生きていけないので意見を変えました。

ｔ：見当がつかないからないに変える人。3人。

ＫＮ：僕はＭＵ君やＫＤ君の意見を聞いて確か

に葉緑体での栄養と土からの栄養と植物に
　　よって違うかなと思ったからないに変えます。

ＨＳ：ＫＤ君の意見に賛成で、葉緑体は緑色を
　　しているので葉緑体はアカジソの葉にはない
　　と思ったので、土から養分をもらって生きて
　　いると思います。

ＴＨ：ＫＤ君やＭＵ君の意見について、この葉
　　は葉緑体がなくて土などから養分を取ってい
　　きていけるから賛成です。

ＮＳ：土から栄養をもらっているに反対で、土
　　から栄養をもらっているとしても土の栄養に
　　も限りがあるからそんなに長く生きることは
　　できないと思う。あと、色で赤と緑は黒でア
　　カジソは黒っぽい色をしているからあると思
　　いました。

ｔ：まだありそうだけど、実験に入ります。こ
　　の前と同じアルコールに葉を入れて湯煎をし
　　てみます。道具を一人取りにきてください。
　　後の人は実験したことを書き始めてください。
　　（カップラーメンの発泡スチロールの容器1
　　つ。アルコールの入った50mLビーカー1つ。
　　アカジソの葉1枚。ピンセット1本を各班に
　　配布。ポットの湯を班ごとに配って歩いた）
　　ノートはしまわなくていいよ。待っている間
　　に実験したことを書いてください。

Ｃ：図でもいいですか？

ｔ：図でも文でもいいよ。

（2、3分して）

ｔ：答えが出てきた？

ＳＤ：実験結果。アルコールの入ったビーカー
　　の中にアカジソを入れた。次にお湯の入った
　　カップにビーカーを入れたらビーカーの中は
　　緑色になった。

ｔ：これを見てください（シソの葉の顕微鏡写
　　真を見せる）。これがさっきＫＤ君が言って
　　いたアオジソです。葉緑体がいっぱいあるで
　　しょう。
　　アカジソはどうなっているかというと。

ｃ：わーすげえ。

ｔ：赤も入っているけど緑も入っているんだね。

植物の体とくらし　17

顕微鏡で見るとね。だから赤が溶けだしたら緑が見えてくるんだね。それからMK君が言ってくれたモミジの話ね。ここにあるんです。モミジはアカジソと違って一年中赤ではないね。春は緑色をしていて葉緑体がいっぱいあります。秋になると葉緑体が少なくなってほとんどなくなってきます。そしたらでんぷんが作れないのです。その間何しているのか、どうやって生きているのかというと…。

ＴＮ：残ってた根っことかにあるでんぷんを使う。

ｔ：そうだね。蓄えてあったでんぷんを使います。そのでんぷんを使って生きていきます。イチョウもそうだね。枯れるわけではない。冬だけでんぷんが少なくなってきます。・・・（略）

6. 授業が終わって

(1) 子ども達の変化

小学校の子どもは植物より動物に興味を持っている子どもの方が多く、関心は低い分野である。植物を育てるには日光が必要だということは今までに学んでいたが、それは人間の日光浴程度の、日光に当たると健康的だというくらいの理解だったと思う。ここでは、なぜ日光が必要なのかを学習して、子どもの植物を見る目は変わってきた。植物は緑の葉をつけていることは当たり前だと思っていたがそれはなぜか、のびている枝も法則があるのだということを理解させることができた。

（子どもの感想・印象に残ったこと）

Ａ：植物は日光に当たるために様々な工夫をしているなと思いました。また日光に当たるための工夫はまるで戦争のようだと思いました。

Ｂ：ぼくは植物の勉強をして一番印象に残ったのは一つの植物は他の植物を犠牲にしても自分が生き残れるなら上へ上へとのびていったりすることです。植物もそこの生きている場に対応した体のつくりをしているんだなと思いました。

Ｃ：日光があたらないとでんぷんができない。赤い葉でもちゃんと葉緑体があるというのを初めて知った。木の内側に葉がないのはそういうことだったのかとわかった。

Ｄ：植物は自分で栄養を作るのに、人間や動物は他の生物の栄養をとって生きるなんてずるいと思いました。

(2) 無機物と有機物の区別

子ども達の討論を記録してわかったが、子ども達は栄養について学習していないし、動物の栄養も学習していないので、無機物と有機物の区別がつかない。アカジソはどうやって栄養をとっているのかという質問に対して、根からの栄養でも枯れないのではないかという意見が出された。ＫＤ君の意見だ。それを否定している子どももいるが3名が賛成している。また、深い海の底では日光が届かないが海のミネラルで植物は生きていけると答えた子どももいた。でんぷんのような有機物を植物は作り出していて、それは根から吸い上げた無機物とは違う物だということをどのように理解させたらよいのか難しい問題が出てきた。

それで、研究会で討論してもらってアドバイスをいただいた。まず、でんぷん取りをして、でんぷんは植物が作ったものだ、水にとけない物だということを学習する。そしてでんぷんは葉で作られたということを学習するという順序でやってみたらいいのではないか、という案だった。でんぷんのイメージが少しでもできてからこの学習に入った方がよいという意見だった。そういう導入もいいなと思った。

5時間目の授業の課題は「アカジソにはでんぷんがあるか」の方がよかった。子どもは根からデンプンを吸い上げているとは考えないから、根からの肥料とデンプンの混乱はなかったのではないかと言う意見があった。

アカジソのでんぷんまで調べられるともっといいと思っているが、材料がなかなか用意できないという事情があった。家や近所で育てているアカジソはまだ小さくて3クラス分の葉を用

意できなかったので、八百屋で梅干し用のアカジソを購入した。そのため、でんぷんを作っているまではできなかった。

しかし、他の材料で実験してでんぷんまで検出させた方がよかったのかもしれないと思った。

(3) 授業運営について

①討論について

授業をビデオに撮って授業検討をした。このビデオを見た感想の中に、教師が論点を絞っていない、という意見が出された。子どもに言わせっぱなしだということだ。私の弱い所である。子どもがアカジソの色のことだけで判断して、栄養をどうやって作っているのかということに話し合いがいかなかったら口をはさもうと思っていた。しかし、子どもの中から「どうやって生きているのですか」「栄養はどうやって作っているのですか」いう質問が出されたので、子どもに任せた。どこで教師が入っていくかは難しく、いつも悩みながら授業をやっている。

②実験について

実験の目的がはっきりしないまま始めた。結果がどうなればどちらが正しいのか、確かめてからやる実験もあるが、この時間は見ていれば緑色に葉が変化してくるので、すぐにわかると思って説明しなかった。説明するとすれば、アルコールで赤色を溶かしたら、葉緑体が見えて

くるかどうかを調べます、というべきだったのだろうか、結果の驚きを半減してしまう感じがするが…。

(4) 指導計画について

植物がすみわけしている様子や、日光に向けて枝をのばしているということを1時間にまとめて観察させているが、課題にしてもう少し時間をかけるとよいというアドバイスももらった。オオバコの観察をさせてから、なぜ道ばたに生えていたのかを聞く方法もあったし、野外観察の前に予想させてから確かめに出かけるという方法もあった。

授業をビデオに撮ったり、テープに録音し、そのテープおこしをして、レポートにまとめてサークルや研究会に持っていくのは大変なことだった。しかし、子ども達は熱心に取り組み、仲間達からもいろいろなアドバイスをもらえて得るものはたくさんあった。しんどい仕事だが、続けたいと思った。

参考文献
① 『新たのしくわかる理科6年の授業』（玉田 泰太郎 著、あゆみ出版、1992年）
② 雑誌『理科教室』2007年11月号（日本標準）

コラム

アカジソの葉が赤いのは？

アカジソを栽培してみると、まだ太陽光が強くなる前の時期の葉は、普通の緑色をしている。この葉には葉緑体があり、葉緑体の中にはクロロフィルと呼ばれる葉緑素という色素が含まれていて、これが光合成の反応の中心的な役割をになっている。多くの植物の葉が緑色に見えるのは、クロロフィルが緑色の光を反射しているからである。

このアカジソの葉は、夏に向かってだんだん太陽光が強くなるにつれてアントシアニンと呼ばれる赤い色素が作られるようになり、色も赤色が目立つようになる。

アカジソの葉のアントシアニンは光合成には関係しないが、余分な太陽光を吸収して強すぎる太陽光によって葉緑体の光合成機能が壊れるのを防ぐはたらきをしていると言われる。春先の植物の新芽などが赤っぽい色をしているのも、アントシアニンがいわばUVカットしてまだ弱い芽の組織を守っているからである。

（小佐野 正樹）

植物の体とくらし　19

生物の体をつくる物質・わたしたちの体

東京都八王子市立南大沢小学校

宮崎 亘

1. 生物は栄養をとって生きている

　食物と栄養については、家庭科の授業の中で栄養素（炭水化物、タンパク質、脂肪、無機質等）の学習を行います。子どもたちは、これらの栄養素は、人の体にとって大切であり、どんな食品に多く含まれるのかについては学習しているので見当がついています。しかし実際それらの物質がどんな性質を持ち、人の臓器がどのように消化・吸収しているのかについてはわかっていません。

　本単元は、「わたしたちの体」を学習する前に、「生物の体をつくる物質」（タンパク質、糖質、脂質）の性質を調べ、生物は栄養をとって生きていること理解します。その学習を基礎に「ヒト」の消化と吸収、血液循環の仕組みを理解していくという学習の流れになっています。

　「生物の体をつくる物質」は教科書にない内容なので、家庭科や総合的な学習の時間などを工夫して下さい。

2. 単元の目標

◎生物の体は、主に水とタンパク質、糖質、脂質からできている。

(1) 動物の体はタンパク質が多く、植物の体は糖質が多い。

(2) 糖質には、水に溶ける砂糖のような物と、水に溶けないデンプンのような物がある。

(3) 糖質は、加熱すると燃えて、炭ができる。

(4) タンパク質は、水に溶けないで、加熱すると固まる。

(5) タンパク質が燃えると、独特なにおいを出し、炭になる。

(6) 脂質は、水に溶けないで、加熱すると燃え

て、黒いすすができる。

◎ヒトも食物を食べて栄養をとっている。

(1) 食物は、消化管で消化され、体の中に吸収される。

(2) 血液は、栄養分・酸素などを全身に運ぶ。

(3) 体の中でできた不要物は、腎臓や肺からすてられる。

3. 指導計画（10時間）

〈生物の体をつくる物質〉

第1時　　　生物の体をつくる物

第2、3時　デンプンと砂糖

第4時　　　タンパク質

第5時　　　脂質

〈ヒトの体〉

第6、7時　消化器官

第8時　　　血液循環

第9時　　　腎臓と尿

第10時　　呼吸

4. 授業展開

〔生物の体を作る物質〕

(1) 第**1**時　生物の体をつくる物

(ねらい) 生物の体をつくる主な物質は、水、タンパク質、糖質、脂質である。動物にはタンパク質が多く、植物には糖質が多い。

(展開)

①自然界のものを大きく2つに分けると、生物と無生物になることをおさえ、無生物にはなくて、生物だけが持っている性質や、生物がしていることはどんなことなのか、知っていることを出し合う。「①栄養をとる（食べる）②成長する③子孫を残す（増える）④呼吸を

20　小学校6年

生物名		水分	タンパク質	脂質	糖質	ミネラル
植物	アルファルファ（マメ科牧草）	73.7	4.4	0.7	19.0	2.2
	チモシー（イネ科牧草）	68.0	2.8	0.9	36.3	2.0
	レタス	95.7	1.0	0.2	2.5	0.6
	トウモロコシ	76.0	2.0	0.6	20.1	1.3
動物	ウシ（もも）	71.3	21.0	6.8	0.3	0.6
	ブタ（もも）	70.6	20.4	7.4	0.5	1.1
	ニワトリ（もも）	67.1	17.3	14.6	0.1	0.9
	アジ（生）	72.8	18.7	6.9	0.1	0.6
	サケ（生）	69.3	20.7	8.4	0.1	0.6

生物の体をつくっているおもな物質　（％）

する⑤いつかは死ぬ」とまとめ、これから、〈栄養をとる〉について学習を進めることを話し、課題を出す。

課題1「生物の体をつくる主な物質は何だろう。」

②「生物の体をつくっている主な物質」の表を見て話し合う。

③「調べたことこと、確かになったこと」を書き、発表する。

　「おもな物質は、水分、タンパク質、脂質、糖質、ミネラルがある。生物の体はほとんど水でできている。タンパク質は植物は少なくて、動物は比べたら多い。脂質も植物の方が少ない。それに比べて、動物は脂質が多い。糖質はそれとは逆に植物の方が多い。ミネラルは植物と動物はあまり変わりはない。」

(2) 第**2、3**時　デンプンと砂糖

（ねらい） 糖質の砂糖は水に溶けるが、デンプンは水に溶けない。砂糖もデンプンも焼くと炭になる。

（準備する物） デンプン（片栗粉）、砂糖、ヨウ素液、実験用コンロ、スプーン、アルミ箔

（展開）

①糖質には、砂糖やデンプン（片栗粉）があることを教え、課題を出す。

課題2「糖質には、砂糖やデンプン（片栗粉）がある。砂糖やデンプンは水に溶けるだろうか。」

②「自分の考え」を書いて、話し合う。

　「砂糖、デンプンともに溶けると思う。なぜなら、砂糖は5年生の時の実験で溶けたとわかったので。同じ糖質のデンプンも溶けると思う。」「水溶液の勉強で砂糖は水に溶けていたの

で溶けると思う。デンプンは料理で使う時に水に溶かして使っているので溶けると思う。」

③実験（グループ）

㋐2つの試験管に水を入れ、砂糖とデンプンを入れて、よく振る。

・砂糖は溶けるが、デンプンは白濁し、沈殿するので溶けていないことが分かる。

・デンプンの入っている試験管を加熱しながらかき混ぜると、でんぷんのりができる様子を見せる。

㋑デンプンと砂糖を焼く。

・2本のスプーンにアルミ箔をまいて、それぞれ砂糖とデンプンをのせて加熱する。

・デンプンは、黒くなってきて燃える。その時甘いにおいがする。砂糖は液になったあと火がつく。どちらも黒くなり、炭になる。炭は炭素だということを確認する（物の燃え方で学習）。

㋒デンプン、パン、ごはん、砂糖にヨウ素液を付けて、デンプン反応を確認する。

④「実験したこと、確かになったこと」を書いて発表する。

　「砂糖は水に溶けた。次にデンプンは水に溶けるか実験した。白だくしていて、沈殿していた。この実験から、砂糖は水に溶け砂糖水溶液になったが、デンプンは水には溶けない事が確かになった。あとは、デンプン水を温めても、水には溶けない。だが、デンプンのりになる事が確かになった。（つけたし実験）　砂糖だけがのっているスプーンをアルコールランプで熱した。そしたら、だんだんと砂糖は黒くなっていた。においをかいだら、甘いにおいがした。次に片栗粉がのっているスプーンを熱した。だんだんと溶けていったが、すぐに固まって黒くなった。少し甘いにおいがした。この実験から、砂糖も片栗粉も熱すると炭になる事が確かになった。最後に砂糖と片栗粉とパンと米にヨウ

生物の体をつくる物質・わたしたちの体　21

素液をかけた。砂糖は茶色っぽくなり、他の3つはほぼ真っ黒になった。砂糖以外にデンプンがふくまれていることが分かった。」

(3) 第**4**時　タンパク質

(ねらい) タンパク質は加熱して固まり、焼くと炭になる。

(準備する物) 鳥肉のささみ、実験用コンロ、ピンセット、スプーン、アルミ箔、ヨウ素液

(展開)

①「鳥肉のささみは、ほとんどタンパク質でできている。タンパク質の性質が糖質とどう違うか調べたいが、どのように調べればよいだろう」と言って、課題を出す。

課題3「タンパク質（ささみ）の性質を調べたい。どのように調べたらよいだろう。」

②「自分の考え」を書いて、発表、討論する。「水に溶かしたり、燃やしてみたり、ヨウ素液をかけてみたりすればいいと思う。」

③実験をする。（グループ）

⑦ヨウ素液を付ける→変化なし

④水に溶かす→溶けない

⑦④を温める→溶けない

⑤アルミ箔でまいたスプーンの上で燃やす→焼き鳥のようなにおいがし、最後に炭になる

④「実験したこと、確かになったこと」を書いて、発表する。

　「ササミにヨウ素液をかけると反応しなかった。水の中に入れると、ふっても水に溶けなかった。そこであたためるとササミから白い物が出てきたけれど、溶けなかった。燃やすと、だんだんこげて炭になった。このことから、タンパク質は水にも溶けず、燃やすと炭になって、炭になる所は糖質と同じだった。タンパク質にも炭素がふくまれていて、燃やすと二酸化炭素が出ることも分かった。」

(4) 第**5**時　脂質

(ねらい) 脂質は水に溶けないで、炎を出して燃え、黒いすすができる。

(準備する物) タネ油、ラード、実験用コンロ、燃焼皿、アルミ箔、試験管

(展開)

①脂質がたくさん含まれるものには植物から取ったタネ油、動物ではラード（牛脂）があることを話し、脂質の性質を調べたいがどうしたらよいかを聞くと、前時までの実験方法が出てくるので、すぐに実験に入る。

課題4「脂質は水に溶けるか。加熱するとどうなるか調べよう。」

②実験（グループ）

・試験管の中の水に入れる→溶けない

・試験管を温める→牛脂がとろけるが、水と分離する

・牛脂を燃焼皿に入れ、加熱する。とろけた所に、ティッシュペーパーで作ったこよりを入れ、先端に火をつける。ろうそくのように燃えている先にガラス皿を当てると、すすが付くことを確認する。

③「実験したこと、確かになったこと」を書いて、発表する。

　「脂質は水に溶けるか調べた。試験管に水を入れて振っても溶けなかった。火で熱したら、とろけて水と分離した。次に燃焼皿に牛脂を入れ、コンロで熱したら溶けた。溶けたラードを『こより』にしみこませ、火をつけた。すると、ふだんすぐに燃えるティッシュもゆっくり燃えた。ラードが燃えているからだそうで、ろうそくにも応用されているそうだ。ふたを近づけるとすすがついたので、炭素があると分かった。」

〔ヒトの体〕

(5) 第**6**時　消化器官

(ねらい) ヒトの体には、食べた物を消化し栄養分を吸収する器官がある。

(準備する物) 人体の輪郭図、消化管の図（教科書）、人体模型

(展開)

①「ヒトの体は、どんな物質でできているか」

22　小学校6年

前時までの学習をもとに考える。

②糖質、タンパク質、脂質、水などの割合を資料で確認する。

ヒトの体をつくるおもな物質の割合 (%)

タンパク質	脂質	糖質	水分
18	18	1以下	59

③「私たちは、食べ物を口から取り入れて、資料にあるような栄養分を体の中に吸収している。体の中には、そのための消化管がある。消化管はどのような作りになっているか、人体の輪郭図に自分の考えを絵でかいてみよう」と言って、課題を書いた後、作業をさせる。

課題5「わたしたちの体の中には、食べた物から栄養分をとる消化管がある。消化管はどんなつくりになっているだろう。」

④人体の輪郭図に自分で考えた消化管を書いてみる。プロジェクターを使って発表し合い、教科書の消化管の図や人体模型で確認する。

⑤「実験したこと、確かになったこと」を書いて、発表する。

「消化管は口→食道→胃→十二指腸→小腸→大腸→肛門となっている。食道は長い管で、体の後ろ側を通っている。胃はソラマメみたいな形をしていて、胃のかべは厚かった。胃と小腸をつなぐのが、十二指腸で指がだいたい12本分位の長さであることがわかった。小腸はぐにゃぐにゃしていて、長くて太いミミズみたい

だった。大腸は小腸より太く、小腸の周りを取り巻いていて、最後、肛門につながっていた。」

(6) 第7時　ヒトの消化と吸収

(ねらい) 水に溶けないデンプンは、消化酵素により糖に変わり、吸収される。

(準備する物) 片栗粉、ジアスターゼ（胃腸薬でも可）、コーヒーろ紙、ろうと、ろうと台、茶碗、スプーン、実験用コンロ、ようじ、割りばし、「栄養分をとるしくみ」資料（※以下、本文中の資料は、参考文献にある『教科書よりわかる理科　6年』を使用した。）

● 栄養分をとるしくみ

ヒトの体には、口から肛門まで1本になった「消化管」があります。口からとり入れた食べ物は、歯でよくかむと、小さくくだかれ、だ液（消化液のひとつ）がよくまじったものになり、食道を通って胃にいきます。胃では、胃ぶくろがよく動き胃液がたくさん出て、食べた物をどろどろにします。どろどろになった物が、小腸に送られます。小腸でも消化液が出て、食べた物が、水にとけて小腸のかべから吸収される物に変わります。小腸のかべにはひだがあり、「じゅうとっき」というところから栄養分を吸収します。

(展開)

①食べた物が、小腸のかべから吸収される物になることを消化ということを資料「栄養分をとるしくみ」を使って確認する。

②資料の中に、「食べた物が、水にとけて小腸のかべから吸収される物に変わる」と書いてある文から、課題を出す。

課題6「食べた物が、小腸のかべから吸収されるものになることを消化という。水に溶けないデンプンはどのように消化されるか調べよう。」

③実験課題なので、デンプンの消化実験をグループでやる。

⑦片栗粉に熱湯を少しずつ注いでかきまぜ、かたいデンプンのりを作る。

生物の体をつくる物質・わたしたちの体　23

㋑できたデンプンのりをコーヒー用のろ紙に入れる。

㋒デンプンのりが 温かいうちにジアスターゼ（胃腸薬でも可）を加えてかきまぜる。
㋓でんぷんのりが液状になり、ろ紙を通って下の茶碗に落ちてくる。
※㋐〜㋒の作業は手早く行う。温度が低くなってくると液状にならなくなる。
㋓茶碗にたまった液体を大きいスプーンにとって、ようじに付けてなめてみる。
㋔液体の入ったスプーンを実験用コンロで熱する。
㋕あめ状になったら火を止め、ようじに付けてなめてみる。※熱いので注意させる。
④水に溶けないデンプンが、ジアスターゼという消化酵素によって糖に変わった。その糖が水に溶けて、消化されるようになるということを確認する。
⑤「実験したこと、確かになったこと」を書いて、発表する。

「デンプンがどうやって体の中に取りこまれるかを実験した。ろうとにコーヒーフィルターをろ紙の代わりに付けて、その上に片栗粉（デンプン）とお湯を混ぜたデンプンのりを入れた。そして素早くジアスターゼを入れた。すると、少ししたら液体が出てきた。なめてみると、後から少し甘い味がした。次にその液体をスプーンに取って加熱してあめ色になった所で火を止め、なめてみると、甘くなっていた。糖に変わったからだ。そのため、水に溶かしても吸収できるのだ。ジアスターゼのような消化酵素が体から分泌されて栄養が吸収されることがわかった。」

(7) 第**8**時　血液循環

(ねらい) 消化管で吸収された栄養分は、血液によって全身に運ばれる。
(準備する物) 血液循環の図、心臓の図（どちらも教科書）、ストップウォッチ、聴診器
(展開)
①小腸で吸収した栄養分を全身に送る。何によって全身に運ばれるだろう？と質問をして課題を出す。
課題7「消化管で吸収された栄養分は、何によって全身に運ばれるのだろう」
②「自分の考え」を書いて、発表、討論する。「血管を通って血液で運ばれる」「血液によって体中に運ばれる」という意見がほとんどだった。
③「血液の流れ」について調べる（教科書の血

液循環の図を見る）。

⑦小腸で吸収された栄養分は、肝臓に運ばれてたくわえられる。

④肝臓から必要なだけ栄養分が送り出され、心臓に行き、全身に運ばれる。

⑦全身で栄養分が使われた後の血液は、心臓に戻ってくる。

④教科書の図で心臓のつくりと働きを調べる。

⑤手首を軽く押さえて30秒間脈拍を調べる。

⑥聴診器で心音を聞く。自分や友達の心音を調べる。運動した時の脈拍と比べる

⑦「実験したこと、確かになったこと」を書いて、発表する。

「栄養分は血液により全身に運ばれることが分かった。また、血液が全身にめぐることを、血液のじゅんかんということが分かった。そして、聴診器を使って自分の心臓の音を30秒間はかり、何回だったか調べた。心臓はドクンドクンと音をたてていた。心臓は血液を送り出していることが分かった。次に脈をはかった。脈はトクトクという音で、心臓と脈拍の回数はだいたい同じだった。」

(8) 第**9**時　腎臓と尿

（ねらい） 体の中で栄養分を使うと不要な物ができるので、腎臓で尿をつくり外に出す。

（準備する物）「オシッコってなに？」（資料）、腎臓とぼうこうの図（教科書）

（展開）

①「〈うんこ〉は、消化吸収された後の残り物である。では、尿はどんなものだろう？」と、課題を出す。

課題8「体の中でできてすてられる尿はどんな物だろう」

②「自分の考え」を書いて、発表、討論する。「いらなくなった水分だと思う。」「水分や栄養分などが使われて、いらなくなった物がふくまれていると思う。」

③討論した後、資料「オシッコってなに」や教科書を読み、腎臓のしくみや働きを理解する。

④「資料を見て確かになったこと」を書いて、発表する。

「尿はどのような働きをしているか調べた。尿は2つの腎臓に1日に1500Lも流れてくる

尿の成分（%）	
水	93～95
アミノ酸	0.02～0.04
食　塩	0.95
尿　素	2.0
尿　酸	0.06～0.1
アンモニア	0.05～0.1
その他	1.27～2.12

血液から、体の中でできたいらない物をこし取って作られる。作られた尿はぼうこうというところにためられ、体の外に出されると分かった。尿はほとんどが水分だけど、体に毒である尿素や尿酸、アンモニアなども入っていて、尿はいらなくなった物や体に毒の物を外に出す働きをしていると分かった。腎臓が悪くなると、血液の中のいらない物がこし取れなくなってしまうので、命にかかわると分かった。」

(9) 第**10**時　呼吸

（ねらい） 肺では酸素を血液中に取り入れ、血液中から二酸化炭素を出す。

（準備する物）「肺を出入りする空気の量」「はく空気はどんなもの」（資料）、肺の図（教科書）、ペットボトル（500mL）、ストロー、石灰水

（展開）

①「私たちは息をして生きている。いつでも空気を吸って、空気をはいている。吸っている空気は、主にちっ素80％、酸素20％の混合気体である。では、はき出している空気はどんなものだろう」と言って、課題を出す。

課題9「私たちは息をしている。すう空気は、主にちっ素80％と酸素20％の混合気体である。では、はき出しているす空気はどんなものだろう。」

②「自分の考え」を書いて、発表、討論する。「二酸化炭素だと思う。人間は吸った空気を体の中で分解して酸素を取り入れて、体にとって必要のない二酸化炭素をはき出していると思うから。」「二酸化炭素や窒素。物の燃え方で、酸素がないと人は酸欠状態で死んでしまうことをやったので、主に、二酸化炭素、窒素を

生物の体をつくる物質・わたしたちの体　25

はき出していると思う。」
「主に二酸化炭素だと思う。理由は、体の中で取りこんだら、栄養などに使って、残りはちがう体に悪い気体になると思ったから。」

吸う空気とはく空気	吸う空気	はく空気
酸素	約21%	約16%
二酸化炭素	約0.03%	約4.1%
チッ素	約78%	約77%
水蒸気	少ない	多い

③調べる
　㋐資料「肺を出入りする空気の量」を読む。
　・深呼吸で1回に1500mLの空気を出し入れしている。
　・呼吸数は、小学生で1分間に20～30回
　・1回の呼吸で1.5Lの空気を吸っている。
　㋑資料「はく空気はどんなもの」を読む。
　・肺で必要な酸素を血液の中に取り入れ、心臓から全身に運ばれる。
　・全身に運ばれた酸素は、栄養分と一緒になって生きていくために使われる。
　・その時に二酸化炭素ができ、血液の中に取り入れて肺に運び、肺から捨てる。そのため、吐く息には二酸化炭素が多くなっている。
　㋒教科書「肺循環図」「肺の仕組み」を読む。
④（実験する）
　㋐1Lペットボトルに水を入れ、水上置換でストローで空気をはき、はき出す空気量を調べる。
　㋑2本の500mLペットボトルに石灰水を入れ、片方はそのまま振っても白濁しない。もう片方に、はき出した空気をストローで石灰水に入れると白濁する。
⑤「実験したこと確かになったこと」を書いて、発表する。「今回は、まず出入りする空気の量を調べた。すると、私たち小学生は約500mLで、1分間に20～30回呼吸するので、合計すると15Lも出していた。呼吸をするには、肺の下にある横隔膜を上げたり下げたりして、肺自体をふくらませたり、縮めたりしていた。次に、はく空気にはどんな物があるか調べた。吸う時の空気は酸素が約21%、

二酸化炭素が0.03%、ちっ素が78%、水蒸気は少ないのに、はく時には（同じ順番で）16%、4.1%、77%、多いになった。このことから、酸素が少なくなっていて二酸化炭素が多くなっているから、酸素が使われて二酸化炭素になっていると分かった。実験では、ペットボトルに石灰水を入れて、そこにストローで自分の息をブクブクとふきこんだ。すると、白くにごった。このことから、ふつうの空気よりけっこう二酸化炭素が増えていることが分かった。これは、物が燃えている状態と似ているから、よくコマーシャルで『体脂肪を燃やす』などと言っていることも分かった。」

（10）ヒトの体を勉強して

「ヒトの体を勉強して、ヒトはとても複雑で、1個でも臓器が正常に動かなくなると、体の調子がくずれてしまう。食べた物を消化しやすくする胃、栄養分を吸収する小腸、水分を吸収する大腸など、一つも欠かせない。人は食べることで、糖、タンパク質、脂質、水分などの栄養分を得ることができ、生きていくことができる。不要になった物を便や尿と一緒に出すことも分かった。呼吸をする理由は、人が活動するのに必要なエネルギーを得るために必要な酸素を取り入れることが分かった。このことから、人には生きていくための臓器や仕組みがいろいろあることが分かった。」

〔参考文献〕
『本質がわかる・やりたくなる　理科の授業6年』（江川 多喜雄、子どもの未来社）
『本質がわかる・やりたくなる　理科の授業5年』（小佐野 正樹、子どもの未来社）
『教科書よりわかる理科　6年』（江川 多喜雄 監修、高田 慶子 編著、合同出版）

直立二足歩行する動物—ヒト

いろいろな動物が動きまわるすがたを見てみると、どの動物も腹を下に向けています。腹を前に向けて、二本の足でまっすぐ立って歩いている動物は、ヒトだけです。ヒトは、直立二足歩行する動物です。

足が長くて大きいヒト

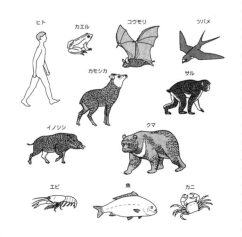

サルが歩いている様子を見ると、前足と後ろ足を地面につけて歩いています。ヒトがサルと同じように4本足で歩けるかやってみると、足より手のほうが短いので、とても苦しくて長つづきしません。

ヒトの足の筋肉は、ふくらはぎ、もも、おしりの筋肉が太くて発達しているので、立って歩けるのです。ヒトは、直立二足歩行をして体を足でささえるようになったので、足が長くて大きく発達しました。

道具を使う手

直立二足歩行するヒトは、歩いたり走ったりする足と、物をもって使うことのできる手とそれぞれの役わりがちがってきました。これもヒトが他の動物とちがうところです。ヒトは道具をじょうずに使う手をもっています。とくに、手の親指が他のどの指とも向きあうようになっているので、このようなことができるのです。

大きくなったヒトの頭

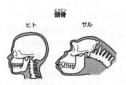
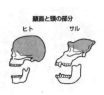

サルとヒトの頭と顔の部分をくらべると、サルの背骨は横に曲がってのびていますが、ヒトは頭をまっすぐ背骨の上にのせるようになっているので、重い脳をささえることができるようになったことがわかります。

また、手で料理して食べるようになって、かたい物もやわらかくして食べることができるようになり、あごの骨も小さくなりました。ヒトが言葉を使うようになったのも、そのことが関係しています。

ヒトは、二足歩行することで他の動物とちがうくらしができるようになったといえるでしょう。

(小佐野 正樹)

太陽と月

群馬県高崎市立六郷小学校
樋口 明広

単元のねらい

月・太陽の表面の様子や月の形の変化に興味を持ち、月の位置や形を観察するなかで、月・太陽の位置関係から月の満ち欠けについて推論できるようにする。

私は、宇宙の学習で次の事を大切にしたい。
○地球上の身近な物と地球を比べたら、地球はものすごく大きい。
○その地球も太陽と比べれば、とても小さい。太陽に比べれば、月は地球の近くにある。
○星と星はものすごく距離が離れていて、大きさも様々だ。
○太陽系を離れると、一番近い星まで出会うのに気の遠くなるような時間がかかる。

どうしたら太陽系の空間的なイメージをつくれるだろうか、悩みつつ実践に取り組んだ。

1時間目 身長と校舎、富士山、エベレストを比べる

まず、30mのメジャーを見せ「クラスで身長が真ん中くらいの人、出てきて！」と投げかけた。測ってみると、どのクラスも1m50cmくらい。理科室（2階）のベランダから校庭までの高さをメジャーで測定。天井までを計算に入れると、大体7m余り。4階までは約15mになる。廊下に10人が寝て並ぶと約15m。「みんなの身長の10倍が校舎の高さだね。」

次に、富士山やエベレストの高さがどれくらいか話し合い。それぞれ3776m、8848mと教える。ここで、校舎の高さをもとに富士山とエベレストを比べてみた。

○3776÷15＝約250倍
○8848÷15＝約590倍

「富士山の高さは、校舎を積み重ねて250個分、つまり250倍。世界で一番高いエベレストは590倍だよ。」と言うと、子ども達から「ホーッ」と驚きのため息が返ってきた。

2時間目 エベレストと地球を比べる

次に、地球の大きさとエベレストを比べた。

地球の直径・・・・13000km
エベレスト ・・・8848m

数字だけ比較しても、ピンとこない。
そこで模造紙を重ねはりして作った直径1mの円（地球）を見せ、磁石で黒板にはりつけた。
7大陸と海を描いた地球を示しながら、
「もしね、地球をこの大きさ1mの円だとすると、エベレストはどのくらいの高さになると思いますか？校舎の590倍もあるエベレストだよ。世界一高い山だよね。」
子ども達は「えーっ」「わかんない…」とぶつぶつ。そこで縦横5cmほどの紙を配って、
「この紙に、自分の想像したエベレストを描いてみよう。この紙に収まります、がヒントか

な。切り抜いて持ってきてください。」

あれこれ迷いながら、ひとりひとり『マイ・エベレスト』を持ってくる。あらかじめ黒板に張っておいた『地球』のまわりに、そのエベレストを張ってゆく。お互いの山を比べたりして、子ども達の表情が輝き始めた。

「おっ、○○君のエベレストは高いねぇ、4cmくらいあるねぇ。おや、△△さんのはずいぶん低いなぁ、1cmないねぇ…」などと話していると、だんだん行列ができた。楽しそうな表情で、子ども達があれこれと話し合っている。

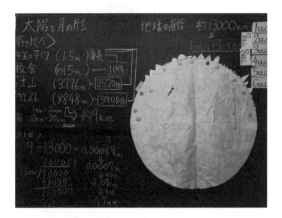

全員が貼り終わったところで子ども達を席に戻し、エベレストを約9000mとして黒板で計算してみた。結論は何と0.7mm。私がつくった1mmに満たないエベレストの切り抜きを見せると、ホーッと驚きの声が理科室に広がった。

「海だってね、一番深いところでも1mmか2mmしかないんだよ。」「そうなんだぁ…。」

子ども達の感想から
◇地球を1mの円にすると世界一高い山でも0.7mmしかなくて、地球がどれだけ大きいかがよくわかりました。地球はすごいと思いました。
◇エベレストがとても小さくて、地球は改めて大きいなと思いました。地球より大きい太陽は、どのくらい大きいのか知りたくなりました。宇宙についていろいろ知りたいです。

3時間目　地球と月、太陽を比べる

いよいよ地球・月・太陽の大きさ比べに。東京書籍6年理科78ページ「理科のひろば」には、以下のような表が掲載されている。

太陽、月、地球の大きさときょり（km）

	直径	地球からのきょり
地球	約13000	―
月	約3500	約380000
太陽	約1400000	約150000000

この表を元に計算すると、太陽の大きさは地球の約109倍になり、月の大きさは地球の約四分の一になる事がわかった。

前の授業で使った地球を裏返すと、真っ赤な太陽に変わる。

「今度は太陽を直径1mの円にします。この大きさだとすると、地球はどのくらいの大きさになると思いますか？」

「ソフトボールくらい」「もっと小さいんじゃないですか？」など活発に意見がだされた。

「太陽の100分の1より小さいのだから直径1cmより小さいね…だとすると？」

「ビー玉くらいですか？」

「そうだね。小さめのビー玉…パチンコ玉くらいかな。」

太陽と月　29

ここで用意した運動会の大玉を準備室からゴロゴロと運び出す。

　ポケットからパチンコ玉を出し、子ども達の前で比べてみる。さすがに球と円では迫力が違う。子ども達の驚きの表情が楽しい。

　「地球と月の大きさはね…。」

　ここで月と地球の大きさ・距離がわかる自作教材をグループに配った。地球はパチンコ玉。月はマチ針の頭。距離は約30cm。8mm×8mmの角材を切り、それぞれをボンドで接着して作成したものである。

子ども達のノートから

◇今日の授業では外に行って2.5mmの月と1mの太陽を105mはなれている所から比べてみると、ほぼ同じ大きさになったので、びっくりしました。

◇今日の実験で、最初は、針の先と大玉が、同じ大きさになるかわからなかったけど、やってみたら、同じくらいの大きさになったのですごいと思いました。

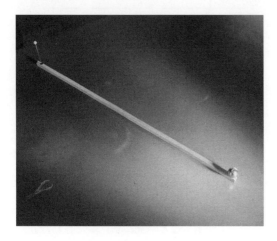

　「じゃあ校庭で大きさ比べをしてみようか？」
　「ヤッター！！」

　グループの班長が自作教材を持ち、大玉を何人かが運ぶ。校庭の隅にある投てき板の前に大玉をおく。そこから対角線で100mちょっとの距離が取れる。

　子ども達は片目をつむり、パチンコ玉の地球にぎりぎりまで目を近づけ《月》と《太陽》を比べる。「本当だぁ、おんなじだぁ」の声。

　遠く離れているから小さく見える、と理屈ではわかっていても実際に100m以上離れている太陽と月を比べたときにほぼ同じ大きさに見えることに、子ども達は心底驚いていた。

　この瞬間、なぜ空の太陽と月がほぼ同じ大きさに見えるのか、子ども達は納得した。

　最後に子ども達に、月・地球・太陽はめったに一直線上には並ばないこと、まれに一直線になると日食や月食が起きることを話した。

4・5時間目 太陽系の惑星の大きさと距離を比べる

ここまでくると他の太陽系惑星に学習を広げたくなった。図鑑（学研・宇宙）で調べたデータをもとに、水星・金星・地球・火星・木星・土星・天王星・海王星の大きさや太陽からの距離について説明し、あらかじめ計算しておいた数字を板書した。

太陽を大玉の大きさにすると、それぞれの惑星がどのくらいの大きさになるのか、どのくらい離れているのか、ぜひ実感をもって理解してほしい思ったからである。

以下、**太陽を直径1mの球にした場合のおおよその大きさと太陽からの距離（軌道）**である。

水星・・・直径3.5mm。太陽から40m
金星・・・直径8.4mm。76m
地球・・・直径9.1mm。105m
火星・・・直径5mm。160m
木星・・・直径10cm。550m
土星・・・直径8.4cm。1000m
天王星・・・直径3.4cm。2000m
海王星・・・直径3.2cm。3150m

この大きさの球はないだろうか。100円ショップめぐりが始まった。文房具コーナーで色々なサイズのマップピンが見つかった時は、飛び上がるくらいうれしかった。測ってみると、おおよその大きさをイメージするには充分であった。

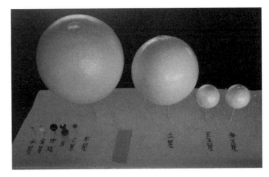

土星や木星、天王星などはホームセンターの発泡スチロール球コーナーで見つけた。これで、ほぼ縮尺に合ったサイズの球がそろった。

「まず水星、次は金星・・・。」と順番に配る。子ども達は、楽しそうに黒板の数字と球を見比べている。「火星は地球の半分くらいだ。」

次は地図。これは市役所の土木課に行き、学校を中心にしてコンピューターで大判地図を作成してもらった。学校教材で活用するという書類を出せば無料になるという事も初めて知った。

1/2500と1/5000の2種類の地図を黒板に貼り付け、先の縮尺で円を描き、水星・金星・地球・火星・木星・土星・天王星・海王星と磁石ピンでくっつけていった。

「火星は俺んちの近くを通るなあ。」
「金星は学校の周りをぐるっと回るね。」
などの声が子ども達から聞こえてきた。

実際に大玉の太陽を校庭の中心におき、マップピンを持って《軌道》を回ればよかったが、校庭では運動会の練習もありできなかった。

太陽と月　31

だが子ども達はそれぞれに、公園や神社、友人の家など身近にあるものと結びつけて"太陽系惑星の距離"をイメージしているようだった。

子ども達のノートから

◇太陽から色々なわく星の距離比べをして、とても勉強になりました。太陽からわく星がこんなに遠いんだなと思いました。高崎市に太陽系をおくと自分の家に木星があたりました。

◇太陽を1mの玉だとすると、海王星が高崎駅の周りを回っているなんてびっくりしました。しかし、こんなに大きい太陽系も太陽系外の別の星に比べたら小さいという事にはもっとびっくりしました。宇宙の大きさがわかって、とてもおもしろかったです。

6・7時間目 月の満ち欠けを考える

しかしこれだけでは、子ども達に月の位置と満ち欠けの関係をイメージさせることは難しい。

そこで《月の満ち欠けモデル》を作成した。まず100円ショップでスチロール板とピンポン球を買い、マジックでピンポン球を半分黒く塗り、穴を開けて爪楊枝を通した。次に頭が入るようにスチロールカッターで円をくりぬいた。

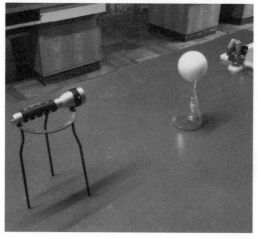

まず蛍光塗料を塗ったスチロール球（栃木理科サークルより1個100円で購入）と100円ショップのLEDライトを40cm程の距離にセットし、理科室を暗くして色々な方向から見せた。月の形が違って見えることに、子ども達は「あっ、本当だ。」「すごい！」と驚きの声をあげ、夢中になってスケッチしていた。

1人が太陽役になり両手で持つ。くぐった子は地球になったつもりでゆっくりと回る。子ども達はモデルを外から見たり中から見たりしているうちに、「わかった！！」と声をあげた。

8時間目 月と太陽のちがいをまとめる

教科書の写真などを参考に、太陽は高温で燃えていること、月にはクレーターがあること、恒星と惑星の違いなどを黒板にまとめた。

最後に次のような話をして授業を終えた。

「地球から月まで光速ロケットで1.2秒。太陽までは8分20秒。太陽から一番遠い海王星までも、光速のロケットに乗れば4時間くらいで到着。でもね、太陽系を離れた光速のロケットは、この後ずっとずっと星に出会わないんだよ。一番近い星はケンタウロス α といって4.3光年のかなたにある。つまり光速ロケットに乗っても4年と4ヶ月近くかかるんだよ。」

子ども達のノートから

◇星と星とのきょりが地図などですごくよくわかり、この前の授業よりも宇宙をもっと知れたような気がしてうれしかったです。星の大きさもよくわかってよかったです。これまでの授業を通して宇宙についてもっともっと知りたいと思いました。太陽系はとても広いんだなぁと思いました。ひぐち先生の「地球は未来の子ども達からの借りもの」という言葉がうかびました。本当にそうだと思いました。宇宙っておもしろいとすごく思いました

※《月の満ち欠けモデル》は友人の福島宣行先生が開発した教材を一部改良したものです。

この実践をふりかえって

※月と地球の大きさ比べでは、模造紙を貼り合わせて地球（直径1mの円）を描きました。その際、世界地図や地球儀を参考に大陸はマジック、海はブルーのチョークを使って描きました。

※裏は真っ赤に塗って太陽のモデルにしました。マジックだと大変なのでポスターカラーなどがおすすめです。丁寧に作っておけば次年度も活用できます。はじは太めの透明テープで補強しました。運動会の大玉は教材として最高です。円と球ではイメージが全く違います。

※エベレスト山をイメージさせる時には5cm正方形の紙を配りましたが、クラス全体（40人）の子ども達のエベレストを張り付けるのには丁度いい大きさでした。もう少し大きい紙を配ったり長方形でやってみたりするのも面白いかもしれません。

※サークルや研究会で検討した時「月・地球モデルの首をいれる部分が小さい」「視線と月が近すぎる」「月は一つの方がいいのではないか」などの意見が出されました。

そこで何かないかなと探していたら次のようなグッズを見つけました。100円ショップのビニル製フラフープに等間隔（45°）で8か所穴をあけ、半黒の竹串ピンポン玉を月に見立て配置できるようにしました。

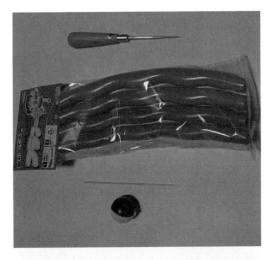

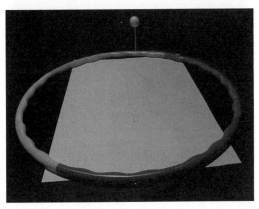

※太陽系のモデルについては、小さいものはマップピンで、大きいものは発砲スチロール球で考えてみましたが、おおよその大きさの違いがイメージできればいいと考えました。図鑑を参考に色や模様を描くとよりリアル感がでます。

※太陽を運動場の中心に置いて太陽系のそれぞれの惑星軌道を考えると面白くなります。水星の軌道はほぼ校庭に収まります。金星になると校庭では収まり切れません。模型をもって校外学習してみたら面白いという意見がありました。「金星は〇〇ちゃんちの近くを通るね。」「地球の軌道には公園があるね。」「木星の軌道はあの病院あたりだね」など話し合いながら、地図と実際のビルや公園、公共物などと照らし合わせると太陽系惑星の大きさと距離感覚がより一層イメージできるのではないでしょうか。

これだと、顔がスムーズに回せる、月と視線が遠くなって見やすい、一つにしたことでより事実に近い感覚で考えられるなど、改善につながりました。このアイデアは、これまでに『理科教室』などで報告されています。

コラム

地球が回っている速さは…？

今から6000年ほど昔の人たちは、地球は平らでその果てには天を支えている大きな壁があると信じていました。ところが、ポルトガル人のマゼランが地球をひと回りする航海をして、はじめて地球が丸いことを証明したのです。今では丸い地球が1日に1回転して、そのために昼と夜がくり返されることはみんな知っています。

ところで、地球はどれくらいのスピードで回転しているのでしょう。

地球の直径は約13000kmですから、地球の一周の距離を計算すると、13000km×3.14＝40820kmになります。赤道の上で暮らしている人は、毎日24時間かかってこれだけの距離を動いていることになります。

24時間で40820kmということは、1時間では
40820km÷24時間＝約1700km/時間
1時間は60分だから、1分間では 1700km÷60分＝約28km/分
1分間は60秒だから、1秒間では 28km÷60秒＝約0.47km/秒＝470m/秒

なんと赤道の上にいる人は1秒間に470mという猛スピードで回転しているのです。音が空気中を伝わる速さがふつう1秒間に340mと言いますから、それよりもっと早いスピードで回っているのです。

そんなスピードで地球が回転しているのだったら、赤道の上にいる人や建物もなにもかもがみんなふっ飛ばされてしまうのではないかと心配になります。でも、動いているのは地面だけではなく、そのうえにある空気も海の水もみんな一緒に動いているので、だれもそんなスピードで動いているとは感じないのです。

（小佐野 正樹）

水溶液の性質 〜酸のはたらきを中心に〜

自然科学教育研究所

長江 真也

1.“酸のはたらき”を楽しく学ぶ

「水溶液の性質」という単元名のこの学習は、水溶液に金属がとけるなどの化学変化を目の前で見られ、自分たちで実験できることが多いため、授業はとても盛り上がる。しかし一方で、それぞれの水溶液の名前や酸性、アルカリ性という言葉を覚えるだけの暗記学習にはなりやすい内容でもある。そうならないために、水溶液に共通する「酸のはたらき」をつかむことから学習を進めていきたいと考える。

教科書の学習展開を見ると、まず試験管に入った5つの水溶液を「見た目」「におい」「蒸発させて残るもの」で分別している。次に青色リトマス紙と赤色リトマス紙による色の変化を調べ、それによって“酸性”“アルカリ性”“中性”に水溶液を仲間分けしている。例えば、炭酸水（正確には「二酸化炭素水溶液」）は青色リトマス紙を赤色に変えるので、酸性の水溶液ということになる。

「酸性」とは「酸の性質」のことだが、ここでは「性質」と捉えずに「酸のはたらき」としたい。「○○の性質」としてしまうと、子ども達は何となく「そういう性質なのだ」とわかったように思ってしまい、結局、羅列的に覚えることになってしまう。その方がリトマス紙を変色させることも、金属をとかすことも、その水溶液のはたらきによって変化したことが捉えやすくなる。また、酸性を「酸のはたらき」と教えておくと、アルカリ性も教えやすくなる。「アルカリ性の水溶液は、酸性の水溶液を打ち消すはたらきがある」とすれば、中和についても理解しやすくなるだろう。

2.酸水溶液の共通するはたらき

ここでは、次の4つを酸水溶液の共通したはたらきとして捉えさせたい。

①すっぱい味がする
②水に溶けない炭酸カルシウムをとかす
③青色リトマス紙を赤に変える
④金属をとかすはたらきをする酸水溶液もある

この実践の初めの方では、できあがった水溶液をいきなり提示せず、子ども達の前で水に物質をとかすところを見せるようにしている。それは、5年「物の溶け方」と関係させ、「○○を水に溶かした液体を○○水溶液と呼ぶ」ことを示したいこと、水に溶かした物質とその水溶液のはたらきとを関係づけて捉えさせたいからである。

授業では、固体（クエン酸・酒石酸）・液体（酢酸）・気体（二酸化炭素・塩化水素）の状態で存在する酸物質を扱うようにしている。いくつかの酸物質を扱うことで「物には固体、液体、気体の姿がある」という小学校の物質学習にもつなげることができる。

3.指導計画（12時間扱い）

（1）酸のはたらき
①クエン酸の性質　②酒石酸の性質
③酢酸と酢酸水溶液　④炭酸水の性質
⑤塩酸の性質　　　⑥塩酸と金属
⑦塩酸にマグネシウムが溶けるとできるもの
⑧塩酸と色々な金属

（2）アルカリ性・中性
⑨⑩アンモニア水、その他の水溶液の性質
⑪⑫身の回りの水溶液調べ

【この学習で準備するもの】

　実験が多いため他の単元に比べて準備するものは多くなる。けれど一度準備すると繰り返し使えるものも多く、ぜひ最初に確認しておきたい。
・クエン酸　・酒石酸　・氷酢酸　・塩酸（チョーク用６％、マグネシウム用12％をつくり、ペットボトルに入れて保管しておく）・炭酸水（気体の二酸化炭素ボンベと水）・石灰水　・食塩　・砂糖　・重曹　・アンモニア水　・炭酸カルシウム（ここではチョーク片）・マグネシウムリボン　・スチールウール　・銅片　・アルミニウム　・リトマス紙　・試験管　・試験管立て　・ゴム管　・ゴム栓　・ガラス棒　・ビーカー　・実験用コンロ　・蒸発皿　・鉄製スプーン　・薬包紙　・上皿てんびん　・マッチ　・燃え差し入れ　・豆電球　・ソケット　・乾電池　・紙やすり

4. 授業の様子

化学反応との出会いで大歓声

〈第 **1** 時〉

ねらい…クエン酸はすっぱい味がし、それを水に溶かしたクエン酸水溶液は水に溶けない炭酸カルシウムをとかす。

①固体のクエン酸（薬局で買える）の粒を薬包紙にのせてグループに配り、手に取って少量なめさせる。まだ名前は言わず「秘密の白い粒」などと言っておく。

※授業で使う薬品類は、教師の指示がない限り手でさわる・近くでにおいをかぐ・口に入れるなどを絶対にしないことを事前に話しておく。

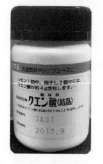

　「すっぱい」「レモンみたいな味」という反応があるので、「この粒はクエン酸と言って、レモンなど柑橘系の果物からとれるもの」と教える。「この粒は水に溶けるかな？」と質問してから、試験管に1/5ほど水を入れ、クエン酸の粒を入れてよく振る。すると、30秒ほどで粒が見えなくなるので、この液体を「クエン酸が水に溶けた液体だから、『クエン酸水溶液』と呼ぶ」ことを教える。

②次に、5mmほどに砕いたチョークを見せ「このチョークは水に溶けるかな？」と質問する。簡単に手を挙げさせた後、グループ実験で水の入った試験管に入れてよく振る。水はにごったままになり、しばらくするとチョークの粒は沈んでいく。これは「チョークと水が混ざっただけの液体で水溶液ではない」ことを確認し、次のように進める。

T　チョークは水には溶けないということです。ではさっきのクエン酸水溶液は、このチョークをとかすでしょうか。

C　えーっ・・・溶かすかな？

| 課題1　クエン酸水溶液は、水に溶けない炭酸カルシウムをとかすか調べてみよう。 |

※炭酸カルシウム＝チョーク

③グループ実験で、クエン酸水溶液にチョークを１片入れる。

C　「一気にとけたー！」「おおー」
　「どういうこと？」「シュワシュワいってる」
　水には溶けなかったチョークが、クエン酸水溶液に入れたとたんとけ始める。クエン酸を溶かしただけの水がチョークをとかす様子を、子ども達は不思議そうに見ていた。子ども達は、化学変化の「とける」と初めて出会い、大歓声がおこる。

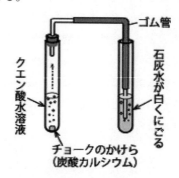

36　小学校6年

このあと「泡の正体は何か」と聞き、出てきた泡を集めて石灰水に通す。石灰水が白くにごることから、発生した気体が二酸化炭素ということがわかる。

④「実験したこと・確かになったこと」を書く。
「今日は、クエン酸で作ったクエン酸水溶液は、水にとけない炭酸カルシウムをとかすことができるかを実験した。結果はとけて、あわが発生した。そのあわに石灰水を通すと白くにごったことから、そのあわは二酸化炭素だとわかった。クエン酸水溶液以外に炭酸カルシウムをとかす液体はあるのだろうか。」

〈第2時〉
ねらい…酒石酸は固体の酸で、クエン酸と同じ性質がある。
◆酒石酸を薬包紙でグループに配り、ブドウからとれる「酒石酸」と教えてから課題を出す。

| 課題2 | 酒石酸も、クエン酸と同じはたらきがあるか調べるにはどうしたらよいだろう。 |

◆自分の考えを書き、発表して話し合った後グループ実験で確かめる。まず、少量なめるとすっぱく、その酒石酸もクエン酸と同様に水に溶けることがわかる。作った酒石酸水溶液はチョークをとかし、出てきた気体は石灰水を白濁させるため二酸化炭素ということがわかる。

子ども達は、名前に「酸」とつくものの共通点が少しずつ見えてくる。

「酸」は水にとかすと酸性を示す

〈第3時〉
ねらい…酢酸は液体の酸で、水に溶かすことで酸のはたらきを示す。
①液体の氷酢酸と酢酸水溶液（水1：1程度）を用意する（冷蔵庫に入れておいた固体の氷

酢酸も見せ、固体の状態の酸もあることを教える）。
【氷酢酸（ひょうさくさん）】
純度が高い酢酸で、融点が16.7℃のため室温でも固体になる（結晶化）。お酢は酢酸が5％ほど含まれている。
教材カタログなどで購入できる。

| 課題3 | 液体の100％酢酸と酢酸水溶液のそれぞれに炭酸カルシウムを入れると、どちらがよくとけるだろうか。 |

②「自分の考え」を書いて発表、討論をする。

	討論前		討論後
○酢酸水溶液	8人	→	2人（-6）

「理由はいつも実験で水溶液にしてから炭酸カルシウムを入れて、とかしていたから。」
「100％だとドロッとしていそうで、水に溶かしてさらっとしていて、さらさらした方がチョークがとけやすいと思ったから。」

	討論前		討論後
○100％酢酸	26人	→	32人（+6）

「100％なので、酢酸水溶液より力が強いと思ったからです。」「水溶液にしなくても、今回はもともと液体だから、粉じゃないから、水溶液じゃなくてもいい。」

③グループ実験をする。
T　酢酸水溶液からチョークを入れてみよう。
C　水を入れた酢酸水溶液で一気に溶けた。これは100％が期待できるぞ！
T　今日の課題はよくとけるかだからね。では100％酢酸の方に入れます。
C　えっ？あれ、まったくとけない。沈んだだけだ。

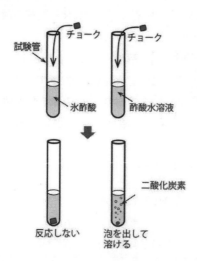

期待を大きく裏切られながらも、子ども達は「なぜか？」を考える。（試験管を振っている子もいる）

C　先生、試験管に水を入れたらとけますか？
T　Sさんが、とけなかった方に水を入れたいと言っているけど、みんなはどうなると思う？
C　水溶液にすればとけるはず。

とけなかった方の試験管に水を入れると、徐々にチョークがとけ始める。子どもたちは、酸物質を水に溶かして「水溶液」にしたときに酸のはたらきが現れることを実感する。

その後、試験管の酢酸水溶液をどんどん水で薄め、炭酸カルシウムをとかさないほどの弱い酸をつくる。「チョークをとかさなくなった酢酸水溶液は、もう酸性じゃなくなったのか」と質問すると、「とかさないけど酸性のはずだ」と子ども達は考えるので、ここで青色リトマス紙を取り出す。「酸性の水溶液は、青色リトマス紙を赤色に変えるはたらきがある」ことを教える。

【リトマス紙の扱いとリトマスゴケ】

ここで、初めてリトマス紙を教える。これまで「酸は炭酸カルシウムをとかすはたらきがある」と学んできたが、とかさないくらいの弱い酸性も調べることができる方法として「リトマス紙」を扱う。

コラム　ぷよぷよ卵をつくる

　家のキッチンにある食用の米酢（こめす）は、米を発酵させてつくったものです。酢酸を4〜5％ふくんでいて、ラベルには酸度4.5％と表示されています。

　この米酢で卵の殻がとけるか、実験してみます。大きめのガラスコップに生卵を殻ごと入れて、卵が全部つかるまで食用の酢を入れました。卵の殻は炭酸カルシウムでできているので、すぐに殻がとけだしてまわりにいっぱい二酸化炭素の泡ができ、卵が浮かんできました。卵が腐らないように、冷蔵庫の中など涼しい所で静かに置いておきます（酢のにおいが気になる時は、ラップでふたをしておく）。1日たつと、酢の上のほうに泡のかたまりがいっぱいできていました。こうして2〜3日たつと殻がかなりやわらかくなり、やがて殻がすっかりとけてしまうと、内側の卵膜に包まれたゴムボールのようなぷよぷよ卵ができました。

　食用の酢も酸のはたらきをして、時間がたつと卵の殻の炭酸カルシウムをとかすことがわかりました。

（小佐野　正樹）

リトマス紙は、植物（地衣類）の「リトマスゴケ」の色素を染みこませて作られた物であることも話しておく。

④「実験したこと・確かになったこと」を書く。
　「今日は、水にとかしていない100％の酢酸と酢酸水溶液に炭酸カルシウムを入れたら、どちらがよくとけるか考えました。私は100％の方が濃いからよくとけると思いました。しかし、結果は水を入れた酢酸水溶液の方が炭酸カルシウムをとかしました。このことから、酸は水に溶かして水溶液にしないと炭酸カルシウムをとかさないとわかりました。酢酸水溶液は青色リトマス紙を赤色に変えるはたらきがあることがわかりました。これを酸性と言います。」

弱い酸と強い酸
　これまでの学習で、子どもたちは共通する「酸のはたらき」が見えてきている。次は、酸は酸でも、リトマス紙を青→赤へ少しだけ変色させる「弱酸」と、金属もとかしてしまう「強酸」があることを教える。

〈第4時〉
ねらい…炭酸水は二酸化炭素が水に溶けたもので、青色リトマス紙を赤変させるが、炭酸カルシウムをとかすことができない弱い酸である。

【二酸化炭素水溶液をつくる】

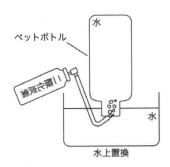

　水上置換で1.5Lのペットボトル半分くらいまで二酸化炭素を集める。ふたをしてよく振ると、ペットボトルがへこむ。これは二酸化炭素が水に溶けた分、体積が小さくなったため。
　気体の二酸化炭素をペットボトルの水に溶かし、この液体が「二酸化炭素水溶液（炭酸水）」であることを全体で確認する。

課題4	二酸化炭素水溶液が酸のはたらきをするか調べたい。どうしたらいいだろうか。

◆「自分の考え」を書かせると、これまでに学習した酸のはたらきを確かめる方法がしっかりと書けるようになっている。
　「二酸化炭素水溶液に青色リトマス紙を付けて、赤くなったら酸性だと思います。」「試験管に二酸化炭素水溶液を入れて、その中に炭酸カルシウムを入れてとけるかを見る。」

◆グループ実験で確かめる。
①初めにチョークを入れてみる。変化はない。
②次に、青色リトマス紙につけてみる。うっすらと赤色に変色する。
　この結果から、二酸化炭素水溶液は「弱酸性」ということがわかる。テレビなどでよく耳にする「弱酸性」を知って、子ども達は大喜び！
③「実験したこと・確かになったこと」を書く。
　「今回は、炭酸水に酸のはたらきがあるかについて考えた。ぼくは炭酸水の中に炭酸カルシウムを入れればわかると思ったが、あまり反応しなかった。それに比べて、青色リトマス紙で実験すると、わずかだが反応した。なので、炭酸水には酸があるけれど、少ししかないことがわかった。これを『弱酸性』という。」

〈第5時〉
ねらい…塩酸は塩化水素という気体を水に溶かした水溶液で、強い酸性を示す。
①試験管に塩酸（6％）を3cmほど入れて、水に気体の「塩化水素」が溶けている水溶液であることを話す。この「塩化水素水溶液」を一般的に塩酸と呼ぶことを教える。

気体がとけているかどうか確かめるために、教師実験で「蒸発乾固（じょうはつかんこ）」して、蒸発皿に何も残らないことを確認してから課題を出す。

※気体の塩化水素は人体に有毒である。グループ実験をすると塩化水素を部屋中にまき散らすことになるので、塩化水素水溶液はごく少量にし、換気の良い所で必ず教師実験で行う。

| 課題5 | 塩化水素水溶液も酸のはたらきをするか調べたい。どのようにしたらよいだろうか。 |

②「自分の考え」を書いて、発表する。（課題4と同じような考えが出される）
③グループ実験をする。
　　○青色リトマス紙につける
　　　「真っ赤になった」「反応が炭酸水と全く違う」
　　　「赤になったということは酸性だ」「強い酸」
　　○炭酸カルシウムを入れる
　　　「泡の勢いがすごい」
　　　「チョークがすぐになくなった。」
　　○出てきた気体を石灰水に通す
　　　「すぐに白くにごった」「二酸化炭素だ」

　グループ実験の結果を聞きながら話し合っていくと、塩酸は「酸のはたらきがつよい」「強酸性だ」ということになった。
④「実験したこと・確かになったこと」を書く。
　「今日は、塩化水素水溶液（塩酸）は酸のはたらきがあるか実験した。実験は、前の実験とおなじ、青色リトマス紙と炭酸カルシウム、そして、チョークをとかして出たあわを石灰水に入れて二酸化炭素か、という方法でやった。そしたら、青色リトマス紙は、くっきりこく赤色がでた。塩化水素水溶液に炭酸カルシウムを入れると、あわを出しながらすごい勢いでとけて、その出たあわを石灰水に入れると、今までやった中で一番速く白くにごった。あわは二酸化炭素だった。これらのことから、塩化水素水溶液は、強い酸性ということがわかりました。」

金属のマグネシウムをとかす

〈第6時〉

ねらい…塩酸は金属のマグネシウムをとかし、水素を発生させる。
①第6時は金属のマグネシウムを塩酸（12％）にとかす。マグネシウムは気体学習で扱うこともあるが、ここでは金属であることの確認から始める。

T　今日はこれを使います（そう言って金属のマグネシウムリボンを見せる）。これはマグネシウムという金属です。金属かどうか確かめるためにはどうしたらいいですか？
C　磁石につける（→それは「鉄だけ」という声）。電気を通すか。みがいたら光るかどうか。
T　みがいて光るかどうかと、電気を通すかどうかで金属がわかるね。

　実際に紙やすりでこすると、ピカピカとすぐに金属光沢が出てくる。そこに準備しておいた回路をつないで豆電球が光ることを見せる。

T　この金属のマグネシウムが塩酸にとけるかどうかをやってみたいと思います。今日は、調べてみようという課題です。

| 課題6 | 塩化水素水溶液が金属のマグネシウムをとかすか調べてみよう。 |

②グループ実験をすると、約2cmのマグネシウムリボンが15〜30秒ほどでとけきる。子ども達からは「もう1回」コールが起こる。

そこで、「次はどんなふうにとけたか後で聞くよ」と言って、もう一度観察させる。

〈子どもが気づいたこと〉
「泡がでる」「熱くなる」「くさい」「試験管に水滴がつく」「じゅわじゅわと音がする」「目にしみる」「鼻がツンとする」「試験管が曇る」「試験管（塩酸）の上の方があったかい」「湯気がでた」「沸騰した感じ」「上の方で溶けた」「音がする」「熱い」「粉のようなものが落ちている」（とけきるまでの時間を静かに数える子もいる）「50秒」「一分丁度だ」「はじめより遅くなった」

T　ここまでのことを、ノートに書きましょう。

③「実験したこと・確かになったこと」を書く。
「今日は塩化水素水溶液が金属のマグネシウムをとかすか調べました。結果はとけました。湯気を出してとけ、泡が出た。試験管をさわってみると、熱くなっていた。上の方でとけました。」

T　つけたしの実験をします。前に来て下さい。みんなが気付いた中に、「泡を出しながら」というものがありました。そこで気になることはないですか。
C　出てきた泡は何か。二酸化炭素かな？
T　二酸化炭素か調べるには？
C　石灰水を使ってみる。
T　やってみます。（教師実験）
C　勢いよく泡が出ている。
　　あれ？白くならない。変化しない。
T　つまりどういうこと？
C　二酸化炭素じゃない。じゃあ酸素？
T　酸素か確かめるには？
C　火を近づける
T　今日は線香ではなくて、マッチを使います。（アシスタント役の児童を1人お願いする。教師の合図でマッチに火をつけ、上の試験管の口に近づけさせる。）

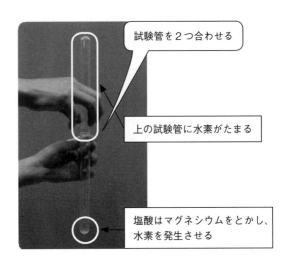

試験管を2つ合わせる
上の試験管に水素がたまる
塩酸はマグネシウムをとかし、水素を発生させる

T　今、発生している気体が試験管に集まっています。（マグネシウムがとけきるまで試験管に水素を集めてから）アシスタントさん、マッチに火をつけて。（火をつける）上の試験管の口にマッチの火を近づけて。（そっと火を近づけると）『ポンッ！』
C　「わっ！びっくり」「もう1回、もう1回」「爆発した」
（もう一度見せる）
『ポンッ！』
C　もう1回！もう1回！
T　自分たちでやってみたくないの？
C　やってみたい！
　　発生した気体は「水素」と言い、火を近づけると爆発する気体であることを教える。やりかたを教え、グループ実験をする。

はじめはできそうにないと思っていた子も二人組で、お互いに手伝いながらできるようになっていく。それでも苦手な子は教師と一緒にやってみると簡単にできる。
「キュン！」「ポン！」
「おもしろい」「もう1回やりたい」

〈第7時〉
ねらい…塩酸に金属のマグネシウムをとかすと、金属ではない別のものができる。

| 課題7 | 塩酸にマグネシウムがとけた液を蒸発乾固すると、マグネシウムが出てくるだろうか。それとも別のものが出てくるだろうか。 |

〈第**8**時〉

ねらい…塩酸には、とかす金属ととかさない金属がある。

| 課題8 | 塩酸が、金属のアルミニウム、鉄、銅をとかすか調べてみよう。 |

アンモニア水溶液、その他の水溶液を調べる

〈第**9・10**時〉

ねらい…①アンモニア水溶液は酸のはたらきがない水溶液で、アルカリのはたらきをもつ。

②酸性やアルカリ性ではない中性の水溶液がある。

①酸のはたらきがわかったところで、アルカリ性・中性について学習する。アンモニア水溶液の入った試験管を各班に配っておく。

T　試験管に入っている液体は「アンモニア水溶液」です。溶けているアンモニアが固体か気体を調べるにはどうすればよいかな？

アンモニア水溶液は気体が溶けていることを蒸発乾固で確かめる。（教師実験）

T　そのアンモニア水溶液が酸性か調べたいのだけど、どうしたらいいでしょう。

C　青色リトマス紙が赤になったら酸性。炭酸カルシウムをとかすか調べる。

②早速、グループ実験で青色リトマス紙が赤色に変わるか調べる。しかし色は変わらない。そこで赤色リトマス紙を出し、グループごとに配る。実験してみると青く色が変わる。赤

色リトマス紙を青色に変えるはたらきを「アルカリ性」と呼ぶことを教える。

残りの時間で色々な水溶液をつくり、リトマス紙で酸性かアルカリ性かを調べる。今回は、水酸化カルシウム水溶液（石灰水）、重曹水溶液、砂糖水溶液、食塩水溶液を作り、調べた。

順番に結果を聞いていくと、砂糖水溶液と食塩水溶液はどちらのリトマス紙も変化させないことがわかる。

C　食塩水溶液はどちらも変化がなかった。

T　ということは、どういうことだろう？

C　酸性でもアルカリ性でもどちらでもない。

T　そうです。図（次ページのような）で考えると、左端が酸性で右端がアルカリ性だとすると、ちょうど真ん中が中性です。このあたりの性質を中性と言います。では、砂糖水溶液はどうでしょう。

C　どちらも変化がないから中性だ。

③「実験したこと・確かになったこと」を書く。

「今日はアンモニア水溶液が酸性かどうか調べるにはどうしたらよいだろうという課題だった。アンモニア水溶液は5％まで薄めていたのに、すごくツンとするにおいだった。蒸発乾固すると何も残らなかったので、アンモニアという気体が溶けていた。その次は、水酸化カルシウム水溶液、重そう水溶液、砂糖水溶液、食塩水溶液を作り、酸性かアルカリ性かを調べた。新しい調べ方で赤色リトマス紙というものを使った。赤色リトマス紙はアルカリ性に反応し、青色に変化するというものだとわかった。結果は、石灰水＝アルカリ性、重そう水＝アルカリ性、食塩水＝中性、砂糖水＝中性という結果だった。この中性と言うのは、酸性とアルカリ性の間の事だと分かった。」

〈第**11・12**時〉

ねらい…身の回りにある様々な水溶液の性質を調べる。

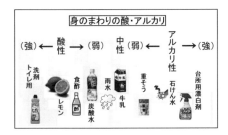

家の台所やふろ場などから色々な水溶液を持ち寄らせ、リトマス紙を使って、酸性・アルカリ性を調べる。醤油のような色の濃い液体はリトマス紙では変化が分かりにくいが、シャンプーや洗剤など身近なものの性質が分かると、とてもうれしそうだった。確かめると、口に入れるものは酸性、洗剤などにアルカリ性のものが多くあることにも気づくだろう。

5.おわりに

この授業プランは、これまでに子ども達が自ら学んだことを使い、自分の考えをもとにして話し合いができる課題を設定している。そのため話し合いは、子ども達が考えた根拠が活かされたものになり、それを確かめるために行う実験は自然と目的をもつ。これらは新しい学習指導要領にも書かれているような「主体的・対話的で深い学び（アクティブ・ラーニング）」に通じることである。

紹介したそれぞれの授業の終わりには「実験したこと・確かになったこと」のノート文をのせた。子ども達が主体となる話し合いや実験を一層明確にするためには、その一時間の"ねらい"をはっきりとさせることが大切である。ノートを読めば、その一時間の授業で子ども達がどんなことを捉えたかわかる。「こんな内容が書いてあるといいのだな」と、参考にしていただければと思う。

コラム　「中和」のはなし

蚊にさされたとき、キンカンなどの虫さされ薬をぬってかゆみをとめることがあります。虫さされ薬のおもな成分は「アンモニア水溶液」です。なぜアンモニア水溶液をぬると、かゆみをとめることができるのでしょう。蚊にさされて赤くなったりかゆくなるのは、蚊が血を吸う時に、皮ふの中に蟻酸（ぎさん）という酸がふくまれる液を入れるからです。アンモニア水溶液はアルカリ性で、酸性の蟻酸とまざるとお互いの性質を打ち消すはたらきがあるので、かゆみもとまるというわけです。

このように、酸性の水溶液とアルカリ性の水溶液をまぜてどちらの性質も打ち消しあうことを「中和」するといいます。すっぱい夏ミカンに重そうをかけるとすっぱくなくなるのは、夏ミカンにふくまれるクエン酸がアルカリ性の重そうで中和されたからなのです。

私たちが知っているふつうの河川の水は、中性です。だから、川の中に入って水遊びしても大丈夫です。ところが、日本の川の中には中性のものばかりではなく、酸性やアルカリ性の河川もあります。とくに、火山の近くから流れ出している川には、火山のイオウ分が溶け出して酸性のものが多くあります。そういう川では、魚などの生物が生きられないし、川の水が飲み水や農業用水に使えない、橋や堤防などの鉄やコンクリートをとかして壊してしまうなど、様々な悪影響があります。

群馬県西部を流れる吾妻川は、長い間魚もすまない「死の川」と呼ばれていました。上流にある火山の草津白根山から強い酸性の草津温泉のお湯が流れ込んでいたからです。そこで、アルカリ性の石灰（炭酸カルシウムなど）を水にまぜて酸性の川の水に流し込んで中和する工場を建てて、「死の川」をよみがえらせました。今では吾妻川は魚もすむ川になりました。　〔写真〕石灰をまぜた水を川に流し込んでいる。

（小佐野　正樹）

大地のつくりと変化

函館市立深堀小学校　HOH理科サークル
中嶋 久

単元のねらい

1. 地域の成り立ちを、実物から得た手がかりを元にして、推論していく。
2. 火山や地震を正しく理解し、身を守る方法を知る。

この授業のねらい

私たちは地面の上に立って生活しているのに、地面に関心をもつ子はほとんどいないというのが実態ではないでしょうか。

地面の下はどうなっているのか、なぜそうなっているのか、直接見ることはできませんから、資料や、手がかりを元にしながら、推論をしていく作業が必要になります。

ところが、地学分野は、総合科学です。いろいろな要素が絡み合っていて、おいそれとは正体を明かしてくれません。パズルを組み合わせるように、事実を積み上げていったとき、初めて地面の様子が見えてきます。パズルが組み合わさったときの感動を伝えたいものです。

また、火山、地震、津波などの災害をじっくりと扱っていきたいところでもあります。

地層の成り立ちは、地域によって様々なので、1時間ごとの学習計画をあげることはしませんでした。

まずは教師がフィールドを知ろう

この単元では地域の石ころ、地域の化石など、地域にある実物をぜひ教室に持ち込んでほしい。どこか遠くの写真を見ても、子どもには実感がわかないからである。

教師がフィールドに出て地域を知り、各地で教材化をしてほしい。本やネットで調べるのもけっこうだが、それは基礎的知識であり、やはり実物を自分の目と手で確かめたい。

子どもを外に連れ出そう

できるなら、子どもを連れて野外観察に出かけたい。露頭が遠いのであれば、バスなどを手配することになる。遠足と抱き合わせでは難しいだろうか。路線バスで行けないだろうか。なんとか実現の可能性を探ってほしい。もちろん、事故などにあわないように下見を入念に行うことが必要である。

遠足と抱き合わせで出かけた鹿部化石林

水成層の露頭観察

露頭で観察する際には、手がかりを子どもが見つけられるように、手引き書などを作り、見るべき観点を事前に与えることで、野外学習の効果を高めることができる。何もなしで出かけては、ただの遊びになりかねない。

ボーリング資料の活用

　学校や役場などに、ボーリング資料が保管されていないだろうか。近年、学校の耐震性調査などでボーリングされたところは、その資料をぜひとも使いたい。なんと言っても、自分の学校の足元が見られるのだ。野外学習に出かけられない場合は、最低でもボーリング資料がないかどうかの問い合わせくらいはしてみよう。役所の土木課なら情報を入手できそうだ。

ボーリング資料から、学校の地下に泥炭が厚く堆積していることがわかり、地盤沈下を調べている様子

手がかりから地層のでき方に迫る

　地域の地層はどうやってできたのだろう。子どもたちに実物を見せながら予想させると、いろいろな予想を立ててくれる。しかし、実物と結びつかない頭の中の予想もよく立ててくれる。
　たいてい出てくる説としては、
・海説…海でたまった。
・川説…川のはたらきでできた。
・地震説…地震でゆれて縞になった。
・火山説…火山から出たものが積もった。
・崖崩れ、山崩れ説…崩れたものが重なった。
・風説…風で石などが吹き飛ばされてきて、積もって地層になった。
・雨説…雨がたくさん降って、しみこむときに縞模様になった。……など。
　そこで、実物を使って、証拠集めをしながら、もっとも矛盾のないものを選んでいくのである。
　事前に準備するものとしては、

・地域の地層で採集したレキ、砂、粘土など。
・地域の川原で集めたレキ、砂、粘土など。
・火山でできた地層から採集した火成岩、火山灰、軽石など。

　その上で、各説について、説明できるところと、できないところをノートやプリントに書く時間を保証する。それによって、どの説が妥当なのか、ある程度見通せるようになってくる。
　それから討論に移るようにする。たとえば、海成層へ巡検に行った後で、そのでき方を討論させたとき、次のような突っ込みが入る。

海説へ：海にたまるのはわかりますが、何で縞になっているんですか。また、海にたまったのなら、それが何で高いところで見られたんですか。

川説へ：川だと、流されてしまって、残らないのではないですか。また、地層は何十mも続いていましたが、そんなでっかい川が流れていたんですか。

地震説へ：地震で揺れていたら、本当に層に分かれますか。

火山説へ：火山でできた軽石も、火山の石も、角張っています。でも、僕たちの行ったところの石は、丸かったです。火山から、丸い石ばかり出てくるんですか。

崖崩れ説へ：崖崩れだと、一気に崩れるので、石が丸くなる暇がないと思います。何で石が丸いのですか。

風説へ：風で吹き飛ばされてきて積もったといいますが、かなり大きい石もありました。あんな石が風で飛んでくるのですか。台風でも飛ばないと思います。また、そんな石が飛ぶなら、まわりの小さい石も飛んでしまって、残らないと思います。

雨説へ：雨がしみこむだけで、本当に縞になりますか。

　たいていこのようなつっこみが入り、石が丸くならない火山説や、崖崩れ説は、説明できませんと自説を引っ込めることが多い。風説も、支持が得られなくて、自説を引っ込めることが多い。

大地のつくりと変化　45

しかし、そうでない説は、絶対なりますと言い張って平行線になったりする。そういうときは、実験で確かめましょうと、実験を考えることになる。

・地震説の確かめ実験

ペットボトルやビーカーに、レキ、砂、シルト、粘土などを混ぜたものを入れて、横に何度も振ってみる。振っても振っても、層にはならない。

・雨説の確かめ実験

ビーカーに、レキ、砂、シルト、粘土などを混ぜたものを入れ、上から水をかける。ジャブジャブ（洪水）になるまでかけても、層にはならない。

> 注意：ここで使う粘土やシルトは、図工で使うときのような水を含んだ塊状のものではない。よく乾燥させて、完全に粉状のものを混ぜるようにする。そうしないと均等に混ぜることが難しい。

討論していくと、石が丸い形をしていること、川の石と似ていることから、水の力を受けていることがわかってくる。しかし、水のはたらきを受けるとしま模様になるものなのか。これも実験を考えて確かめてみる。

水のはたらきを調べる実験

（1）ペットボトル実験

ペットボトルに、粒度の違う砂やレキなどを入れ水で満たし、フタをしたものを用意して、振ってから机に置くと、砂が堆積していく。何回やっても、必ず粒の大きな重いものから順に積もることがわかる。

この実験セットを作るに当たり、留意しなくてはならないことは、ほぼ同じ密度のものでレキ、砂、粘土をそろえるということである。たとえば、砂に砂鉄の多い地域では、そのまま砂を使うと、粒が小さいにもかかわらず砂鉄が一番下にたまるようになる。そうならないようにするためには、材料の吟味が欠かせない。いろいろな組み合わせで予備実験を行い、最良の結

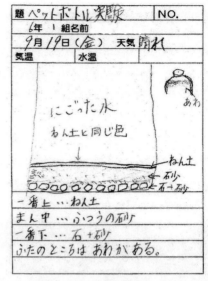

ペットボトル実験カード

果が見られるものを用意しておきたい。可能であれば、できるだけ地域にある素材を使いたいものだ。

（2）パイプ実験

ホームセンターなどで、1mほどの透明なパイプを買ってこよう（教材会社のアクリルパイプは高価だ）。それに合うゴム栓を下につけ、スタンドで立てる。上には、ペットボトルを半分に切ったものをろうとがわりに、ビニールテープで取り付ける。詰まった時用に、細い長い棒も用意しておこう。

そして、水を半分ほど入れる。多いと後であ

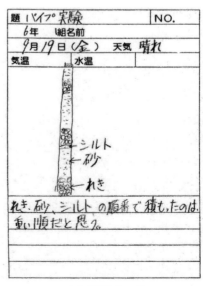

パイプ実験カード

ふれるので注意する。

種類の違う土や砂を混ぜてから、少しずつ、何回かに分けて、パイプに投入する。すると、混ぜた土を入れたのにもかかわらず、ちゃんとしま模様になって堆積する。

(3) 流水実験

土や砂が海にたまると縞ができるのかを調べるために、丸水槽に水を満たして海として、樋を川と見立てて、水を流す。そこに混ぜた土を入れて何回か流す。水槽が大きいのであれば、土も多めに入れてやる。本来ならば濁りが静まるまで待つべきであろうが、授業時間にゆとりがないときは、ある程度時間をおいたら、次の土砂を投入してもかまわない。

これらの3つの実験から、水の中に土砂が入ると、自動的に縞模様になることがわかり、子どもたちは納得する。

しかし、最初の突っ込みが解決しないで残る。なぜ海の底にたまったものが、山の上で見られるのかという問題である。

この問題に対しての子どもの考えは2通り出る。1つめは、昔は海が深くて、そこが海の底だったというもの。2つめは、陸地が盛り上がったというものである。

陸地が盛り上がるというイメージは、かなり抵抗があるらしく、なかなか賛同が得られないこともある。

この問題については、実験のしようもないので、話で納得してもらうしかないのだが、思考実験ならできる。

たとえば、エベレスト山の頂上付近から三葉虫の化石が出る話を紹介する。三葉虫は海中の生物である。

そうすると、1つめの説を採ると、海の深さが今よりも9000m位も深かった話になってくる。その大量の水はどこへ行ったのかを説明できないと、正しいとは言えなくなる。

では第2の説なのか。エベレスト山の高さは8848m、エベレストが盛り上がり始めたのは5000万年前と考えると、1年あたり、0.177mm

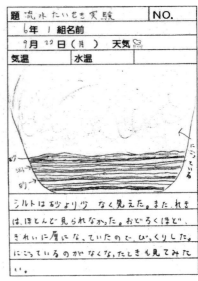

流水実験カード

上昇すれば、現在の高さになる。10年たっても1.8mm、100年たっても1.8cmしか上昇しない。人間の尺度では感じないスピードだ(話を単純にするための設定であり、実際はもっといろいろな変化がある)。

また、子どもが実感できるタイムスケールは、せいぜい100年がいいところで、千年前も、1万年前も、子どもの感覚としては、似たようなものだ。ましてや、100万年前と、1000万年前の違いなど理解できていないと思った方がよい。

そういう思考実験で、大地は長い長い時間をかけて、ゆっくりとゆっくりと動いていると納得してもらっている。

火山の実験

(1) コーラ実験

火山が噴火する原理は、圧力の減少によって、マグマ中の揮発物質(水など)が発泡することである。実験としては、振ったコーラのフタを開けることで減圧の実験が行えるが、一瞬で終わってしまうし、飛び散って大変なことになるので、ここではコーラにラムネ菓子やメントスなどのお菓子を投入することで、発泡を引き起こす。

食べ物を実験に使うことについては抵抗のある方もいると思うが、ここは実験材料だと割り切ろう(もちろん子どもにもそう指導する)。

大地のつくりと変化 47

コーラ実験の様子

　また、このようなモデル実験では、実物との違いをはっきりさせてから行わないと、全くこちらの意図と反したことを学習しかねないので注意が必要だ。ここでは本物の火山と実験の対比をし、本当はマグマが発泡するのだが実験ではコーラを使うとか、一つ一つ確認した方がよい。それをしないで実験したら、シュワシュワしたものにシュワシュワしたものが混ざるので噴火が起こる等と書かれたことがある。

（2）軽石作り

　時間がとれるならば、ここでカルメ焼きをするのも楽しい。カルメ焼きと軽石は、共に発泡によってふくらんだものが固まったものなので、でき方がほとんど一緒なのだ。ただし、マグマそのものが発泡して冷え固まったのが軽石であるが、カルメ焼きは炭酸水素ナトリウムの熱分解によってできた二酸化炭素による発泡であるから、説明が必要だ。

（3）火山灰実験

　噴火したときに空中に吹き上げられた火山灰が、どのように積もるかを見る実験である。

火山灰実験の様子

　ろうとにグラニュー糖、片栗粉、ココア、コーヒーなど、粒度の違うものを入れ、ペットボトルの上の部分を切ったものをかぶせて、火山とする。ろうとにはゴム管をつなげ、ボールペンの軸を介して、空気入れにつなげる。そして、風の影響を見るために、送風機で風を弱く送る（強にすると、教室中が粉だらけになる）。ろうとに空気を送ると、粉が飛びだして噴火している状態になる。（ココアを入れることで茶色になると同時においしそうなにおいもする。）

　この実験で、風上にはほとんど堆積しないが、風下にはかなり遠くまで飛ばされて堆積すること、火山に近い方に大きく重いものが積もり、遠くは細かくなること、火山の近くは大量に積もるが、遠くなるにつれて薄く積もること等がわかってくる。（この実験も、噴火は空気が送られて起こると書かれたことがある。）

防災教育

（1）火山防災

　日本は火山国なので、どこが噴火しても不思議ではない。また、3.11以降、火山活動が活発化している山も増えている。日本列島は活動期に入っている。数百年静かだった山でも、噴火する可能性がある。そのような認識に立って、

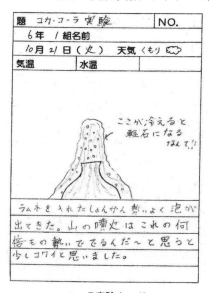

コーラ実験カード

噴火実験カード

有珠山のハザードマップ

噴火の際にはどのような行動をとるべきか、学習しておく必要がある。特に近くに活火山のある地域は、この学習の重要性を意識しておこう。

まず、活火山の近くの市町村であれば、ハザードマップが作られているか確認しよう。ハザードマップを手がかりに、自分の家からどう逃げるかなど、具体的な避難方法が浮かんでくる。

また、火山の噴火の仕方は火山によってそれぞれ違う。山の性格を知っておくことも重要だ。

火山による被害としては、最低限、火山灰、火山弾、噴石、火砕流、泥流、地殻変動くらいは扱っておきたい。カルデラのある地域は、もちろんカルデラも扱いたいが、規模が大きすぎて、なかなか子どものイメージがわかないのが悩みである。

(2) 地震防災

3.11の記憶はまだ生々しく、思い出すだけで心が震えるが、この記憶は風化させてはならない。M9クラスの地震は、これまでも日本を襲っているのだから、また来ることは確実なのだ。想定外などとは言っていられない。

地震では、マグニチュードと、震度の違いをはっきりさせておく必要がある。そして、活断層による直下型と、海溝型の違いも触れておきたい。そして、液状化現象、地割れ、断層、プレートテクトニクスくらいは扱っておきたい。

海岸線に近い地域では、津波の学習は絶対に欠かせない。津波は逃げ遅れるとほとんど助からないので、「津波てんでんこ」の話などもしておきたい。津波のハザードマップが作られている地域もある。ぜひ参考にしたい。

函館市の津波ハザードマップ

(3) 資料収集

これからも火山災害、地震災害が頻発しそうだ。そういうとき、新聞記事やニュース映像などは、努めて収集しておこう。災害が身近に起こっているときは、見るのも嫌な気分だが、5年もたてば記憶していない小学生が入学してくる。そのときのために、見たくないニュースを集めておくのも理科屋の仕事である。

てこのはたらき

てんびんとの違いに気をつけて

八王子市立宇津木台小学校 非常勤講師
山口 勇藏

単元のねらい

1　回転運動をするものは、力のモーメントの大きい向きに回ることを理解する（てこの原理）。
2　身の回りの道具には、てこの原理を利用している物があることに気づき、支点・力点・作用点が見つけられる。
3　てこを使って、動きにくいものを実際に動かせる。

はじめに

　この単元は、小学校の子どもたちが初めてきちんと向き合う力学教材です。この学習を通して「力」とは何か、「運動」とは何かなど、これからさらに「力学」を学習していくときの基礎になる概念を身につけさせます。
　子どもたちは「力を入れる」「力持ち」などのように「力」を筋肉の感じで捉えているのが普通です。「風やゴムの力」「磁石の力」で筋肉とは関係のない力のあることは経験しています。
　しかし、「物を変形させる」「運動を変化させる」のが力という認識にはなっていません。「運動」とは体を使って何かをすることと思っています。転がっているボールを蹴るのが運動という認識、そこから蹴られたボールがどのように動くか、「空間を物が移動する」のが「運動」という認識に変えていく必要があります。
　特に「てこ」では、様々な運動の中から、「回転運動」の特徴を学習します。

気をつけること

　回転運動を支配しているのは、力のモーメント（回すはたらき＝長さ×力）です。ここで力が重さという数値で表せることは、丁寧に扱う必要があります。また、「てんびん」との違いにも十分注意する必要があります。
　てこの学習が終った後の6年生（107人）に、以下のアンケートで答えてもらったことがあります。

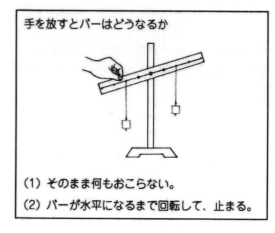

　正解は（1）なのですが、誤答率はほぼ80％でした。なぜでしょうか。
　根本的な原因は、学習指導要領とそれに基づく教科書にあります。また、一般的に使われている「てこ実験器」も、このことに一役買っています。
　「てこ」では、「力のモーメントが大きい向きに回り、モーメントが同じときは回らない」（てこの原理）です。「てんびん」は「モーメントが同じとき水平につりあい、モーメントが異なるときは大きいほうに傾く」です。
　「てこ」では回るか、回らないかが大切で、傾きとは本来無関係なのです。

学習の展開

第1時　力と重さ

① つるまきバネを両手で引いて伸ばして見せ

ます。「もっと伸ばすには、どうしますか？」「さっきと、何がちがいますか？」引く力の大きさで、バネの伸び方がちがうことがわかります。

② つるまきバネをスタンドに固定して質問します。「手で引かないで、バネを伸ばすにはどうしますか？」「おもりを下げればいい」。やってみます。さらに質問「今、バネを伸ばしている力はなんでしょう？」「おもり」「おもりは力をもっているでしょうか？」（ここが一番大切）地球が重りを引く力に気づかせます。「もっと伸ばすにはどうしますか？」おもりの重さによって、地球の引く力は変わります。ここでバネばかりを紹介します。
「○○gの力」「□□kgの力」と力が重さで表わせることを学びます。

第2時　回転運動

人間とは関係なく、「物が空間を移動することを『運動』という」と話します。そして、直線運動、放物線運動などの例を説明します。

あらかじめ重心を調べておいたダンボールの板の重心を軸にして回転させて、こう言う動きを「回転運動」と呼ぶと話します。

課題1　身の回りで、回転運動をするものを探してみましょう。

観覧車、時計の針などはすぐ気がつきます。「一回転しなくても」と言うと、回転ドア、ハンドルが出てくるでしょう。はさみはなかなか出ませんので教師が提示します。ここでは、回転運動には必ず回転の中心「支点」（回転の軸）があることを確認しておきます。

第3時　力の大きさと回転の向き

前時に使ったダンボールの板のいろいろな場所に力を加えて回転させます。回転には、右回りと左回りがあります。軸の右側と左側に同時に力を加えます（おもりを両側に下げる）。

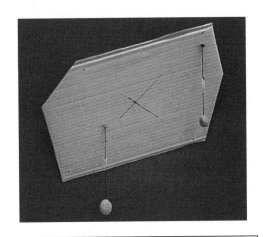

課題2　軸の両側に力が働いたとき、力の大きい向きに回転するでしょうか。

軸の左側に15g、右側に8gの力が働いたとき、いつも左に回転するでしょうか。実際にやってみると、軸から遠い場所で力が働く右に回転します。

力の大きさだけでなく、力が働く場所が回転の向きに関係していることに気づきます。

第4時・5時 「実験用てこ」を使って「きまり」を見つける

次の条件を満たすように、てこを自作します。（理科室のものは天秤の要素が入るので使えません。詳しくは「おわりに」を参照。）

① バーの重心が支点になる。
② 左右の力を加える点（重りをつける場所）が、支点を含む同一直線上にある。

厚紙（板目表紙がよい）2枚を接着剤で張り合わせ、さらに工作用紙を張り合わせます。十分乾燥してからバーを切り出します。バーの中心に錐で穴を開けます。ここが重心で、回転軸が入ります。重心から左右同一直線上に等間隔に穴を開けて、糸を通して輪にし、ここにおもりを下げます。工作用紙を使うことで、単なる目盛りではなく長さがcmで実感できる良さがあります。

てこのはたらき

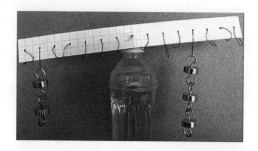

重心から左右何cmのところに何gのおもりを下げたらどちらに回転するか、グループで自由にデータを集め、データを記録用紙に記入させます。

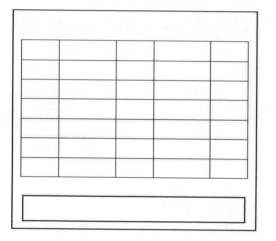

（全ての記入が終ったら点検して、データの不備は再度調べ直させます。）

第6時 回転運動の「きまり」を見つける

記録用紙のデータをもとに、グループで話し合わせ、見つけた「きまり」を画用紙に書いて発表させます。

グループ発表の例

1班　力×長さが左右違った数字でも、答えが同じならつり合う。

2班　長さが1/2になると、重りの重さが2倍になる。長さと重りの重さは反比例。

3班　左の「力×長さ」と右の「力×長さ」の積で、回転の向きが分かる。

4班　「力×長さ」の数が大きい方が回る。

5班　「長さ×力」の答えが大きい方に回る

6班　左の力と長さをかけた数と右の力と長さをかけた数が同じだとつり合う。左の数が右の数より大きいと左に回り、右の数が左の数より大きいと右に回る。

7班　左の力と長さをかける。右の力と長さをかける。左右の積が等しければつり合う。
例　（40×2）＝（4×20）

8班　左右の長さと力をかけて、等しくなるとつり合う。積が大きい方が下がる。

9班　同じ重さのときは、支点に近い方が持ち上がる。（内側の方）

それぞれの発表が正しいか、みんなで吟味させます。

支点からの長さ×力で考えるグループと、支点からの長さと力が、反比例していることを発表するグループのあるのがわかります。

「つりあう」という表現は「回らない」の意味で使っているようです。ここでどちらがわかり易いかという視点で話し合わせると、「支点からの長さ×力」にまとまっていきます。

> 「支点からの長さ×力」のことを、力のモーメントという

ことを話します。
回転運動の決まりは、

> モーメントの大きい向きに回り、モーメントが同じときは回らない

です。
記録用紙のそれぞれのデータがこれに当てはまっているか、○をつけて確かめていきます。

第7時 モーメントの練習問題をして、モーメントに慣れる

① どちらに回るか、回らないかの問題

例

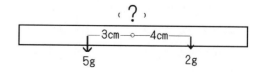

② 回らないときは、そこにどのくらいの力が

必要かの問題

例

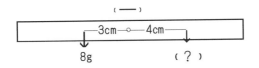

③ そこに力を加えると、反対側にどれだけの力が現れるかの問題

例

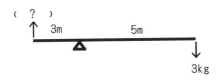

子どもたちは、面白がってやります。

第8時 てこの3つの点

写真の演示用てこを使って、支点、力点、作用点の話しをします。

写真のように10kgの砂袋を棒の端にかけ、もう一方の端を押すと袋は軽く動きます。軽く動くというのは、10kgより小さい力で動かせ

たということです。これを「力のモーメント」を使って以下のように説明し、問題を出します。

> 砂袋が掛かっている点を「作用点」、力を加えた点を「力点」、棒が回転する軸になるところを「支点」と呼んでいます。
> 物に「支点」「力点」「作用点」の3つの点を作り、小さい力を大きくしたり、逆に大きな力を小さくしたりする道具を「てこ」と言います。

課題3 次の図はどれもみんな「てこ」です。「支点」「力点」「作用点」がどこになるか記入しましょう。

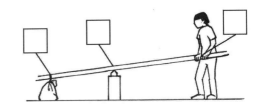

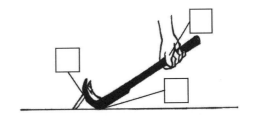

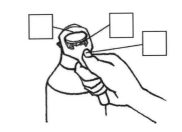

ボートとオールの例は、「支点」と「作用点」

てこのはたらき　53

を取り違える子がかなりいます。キャスター付きの椅子に座って、床を棒で突き椅子の動きを見せると、納得します。

第9時　実際にてこを使う

容易に動かせない重さのものを、てこを使って動かします。

砂がいっぱい入った石油缶と、工事現場で使う鉄パイプを使って、校庭の低鉄棒のところで実演します。

〔注意〕支点には、全ての力が掛かるので、十分注意する必要があります。鉄パイプは、鉄棒の上に載せ、ずれないようにロープで固定します。

> 課題3　小さな力を、出来るだけ大きくするには3つの点の位置をどのようにしたら良いかモーメントを使って考え、確かめましょう。

作用点を支点に近づけ、力点を支点から遠ざけた方が少ない力で回転させられる（動かせる）ことがわかります。

第10時　身の回りのてこ

子どもたちは、既に気がついていますが、てこの仕組みを使った道具には2つのタイプがあります。

一度整理しておくのも大切なことです。

A　支点が中心のてこ
　　はさみ　くぎ抜き　ペンチ　ニッパ
B　支点が端のてこ
　　やさしいてこ
　　　ピンセット　和バサミ　トングなど
　　強いてこ
　　　くるみ割り器　穴あけパンチ
　　　空き缶つぶし器など

実際に力点、作用点の位置をいろいろに変えて、力がどのようになるか体感させます。

ペンチで、色々な太さの針金を切ることに挑戦させます。根元（支点に近いところ）で切った方が楽なことはすぐ分かります。五寸釘になると、ペンチでは傷も付きません。ここで写真の道具を紹介します。工事現場で太い線を切るときに使います。てこが2つ組み合わさっていて、五寸釘が面白いように切れるので、我勝ちにやりたがります。てこの威力が実感できます。

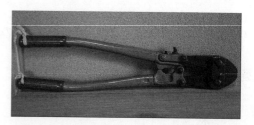

おわりに

「てこ」と「てんびん」は似ているところがありますが、てんびんを使っててこの働きを理解させるのは、本質的に間違っています。そのことに触れておきたいと思います。

地球上にある物体には、必ず重さの中心（重心）があります。物体を一点（支点）で支えると、重心が支点の真上又は真下になって静止します。重心が支点の真上にある場合はきわめて不安定なことは、容易に想像が付きます。

東北三大祭の一つ、秋田の竿灯祭りでは、竿灯を操る人は支点を重心の真下にする作業を果てしなく繰り返しています。

ここで、理科室にある「実験用てこ」と呼ばれているものの仕組みを観察してみましょう。

支点がバーの中央、又はやや上よりにあります。重りをつける穴は、バーの下端にあります。そして、何も載せないとき、バーは水平になって静止します。このとき重心は、支点の真下にあります。

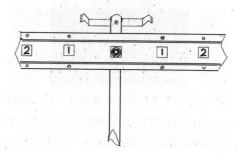

左右のどちらかに、ほんのわずかな重りを載せると、バーは傾いて止まります。重心がずれたからです。重心がずれないようにするにはどうしたらいいでしょうか。

左右の「長さと重さを掛けた積」が同じになると、重心はずれません。このことを使って、学習指導要領や教科書では、「右のバーを傾ける働きと、左のバーを傾ける働きが等しくなったのでバーは水平になる」と説明しますが、本質は違います。重心の位置にずれが生じないので、バーは水平に静止するのです。

左右の重りを載せる場所までの長さがまったく同じときは、まったく同じ重さのものが左右に載ったときだけ、重心はずれません。これが天秤です。上皿天秤の分銅や物を載せる皿の下が鋭いエッジになっているのは、長さを精密にそろえる必要があるからです。

理科室の「実験用てこ」は、天秤と呼んだ方がいいのではないでしょうか。傾きを調べる道具であって、回転を調べる道具ではありません。

物は重心と支点が重なると（重心で支えると）任意の位置に静止させられます。そのとき、支点を含む同一直線上に力を働かせると、回転の向きなど、正確に調べられます。『実験用てこ』はこの条件を満たさなくてはならないでしょう。

くぎ抜きで、打ち込まれた釘を引き抜くことを考えて見ましょう。バーが水平になるか、傾くかを想像する人がいるでしょうか。それよりくぎ抜きが回転して釘が抜けるかどうかです。

バランスでてこの原理を説明するのは、間違っていると思います。

参考文献
雑誌『理科教室』2016年10月号No.742「授業で使える科学のはなし　こんなところにてこのはたらきが」（中巨摩理科サークル　早川 憲三）

コラム

いろいろな回転する道具

野球のバットの一番太い所をにぎった人と一番細い所をにぎって人とが反対側に回すと、太い方を回した人が勝ちます。

ドアはドアを止めてある所を中心にして回転するように開きます。ひとりはドアのとってのある端のほう、もうひとりはドアの真ん中あたりを反対向きに押しあってみましょう。これも端のほうを押した人が勝ちます。

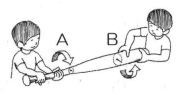

バットもドアも回転する中心から遠い所を回すと、らくに回すことができます。こういう性質を利用した道具にどんなものがあるでしょう。

水道のじゃぐちには回転するハンドルがついています。これをはずしてしまうと回すことができません。他にも、自動車のハンドル、ドライバー、ドアノブなど、手で持つ所が回転の中心から離れるように大きくなって、らくに回転できるようになっています。

自動車のハンドル

ドライバー
ドアノブ

じゃぐちのハンドル
じく

（小佐野 正樹）

電気と私たちのくらし

南アルプス市立櫛形北小学校

河野 太郎

○単元のねらい

・ 電気は、つくり出したり、蓄えたりすることができることを知る。
・ 電気のエネルギーは、光・音・熱などのエネルギーに変えることができることを知る。
・ たくさんの電気を発電するためには、たくさんのエネルギーが必要であることを知る。
・ 導線に電流を流すと発熱することがわかる。

○具体的内容

1 手回し発電機などを使って電気をつくる。
2 たくさんの電気を発電するために、手回し発電機をより強く大きな力で回す。
3 発電された電気はコンデンサーにためることができる。
4 電気のエネルギーを光・音・運動などに変換することができる。
5 導線に電気を通すと発熱し、高温になると発光する。

【教科書と比較したこのプランの考え方】

この単元は新しい教具として、手回し発電機・LED（発光ダイオード）・コンデンサーが登場しました。しかし、それを使って何を学習するのかが明確ではありません。教科書の内容からは、「コンデンサーに電気を蓄え、豆電球とLEDの光る時間を比較し、LEDの省エネ性を知らせること」「太い電熱線の方が細い電熱線よりも同じ量の電気を通したとき高い温度になること」「電気を熱・光・音・回転などに置き換えて利用していること」という3つの目標が読み取れます。

教科書の内容を使いながら、大切にしていき

たいことを考えてみると、「たくさんの電気をつくるには、たくさんのエネルギーが必要なこと」が挙げられます。教科書の後半で取上げられている「導線の太さによる発熱量の違い」については、電圧・抵抗・電流の条件統制が難しく実験結果が教科書通りにならず課題となっていましたが、次期学習指導要領では中学に移行することになりました。ここでは、「たくさんの電気が流れると発熱する」程度でよいと考えます。

単元全体を通して大事にしたいことは、「全員が実験に関われるように、実験道具をたくさん用意した」ことです。手回し発電機の数もできるだけたくさん用意できるとよいでしょう。グループ実験でも、豆電球のソケットをたくさん用意して実験する内容もありますが、それぞれソケットを持つ人を決めたり、交代しながら全員が体験できるようにしたり、児童一人一人が直接現象を見ることができるようにしたいと考えました。

【指導計画と各時間のねらいと課題】

1次 たくさん発電するには、たくさんのエネルギーが必要なことを知る。

〈*1*時間目〉

ねらい：モーターを回転させると発電できることを知る。

課題1 モーターに豆電球をつないで回路にします。モーターを回転させると豆電球は光るでしょうか。

「乾電池とモーター」「乾電池と豆電球」を使って、回路をつくり光らせたり回したりします。

その後でモーターと豆電球を回路にしたものを見せて課題を提示します。

討議する内容ではないので、4年生で乾電池とモーターをつないでモーターを回した経験や、5年生での電磁石づくりの経験を話しながら、簡単に予想させます。

〈用意するもの〉 豆電球・導線付ソケット・モーター・割り箸

全員が実験できるとよいので、人数分の用具を準備します。

モーターから出る2本の導線と豆電球のソケットの導線をつなぎます。モーターの軸に割り箸をしっかり押し当て、手前に素早く引きます。軸が回転する瞬間に豆電球が一瞬光るので、様子をしっかり観察するようにします。

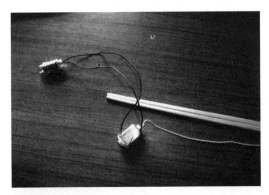

〈2時間目〉

ねらい：手回し発電機は、電気をつくる道具であることを知る。

> **課題2** 手回し発電機と電池で回路をつくると手回し発電機が回転します。手回し発電機に豆電球をつないで回路にします。手回し発電機を回転させると豆電球は光るでしょうか。

手回し発電機を手で回して電気をつくることを体験します。いきなり手回し発電機を回すのではなく、乾電池と手回し発電機で実験した後確かめます。

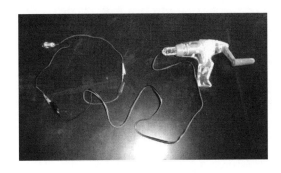

〈用意するもの〉 手回し発電機・豆電球・導線付ソケット・乾電池・乾電池ボックス

乾電池を手回し発電機につなぐと、手回し発電機が回転します。手回し発電機の中にもモーターが入っていることに気づくことができればよいですが、子ども達から出てこない場合はこちらで伝えます。電池をつないだ瞬間に手回し発電機の取っ手が回ります。

次に、手回し発電機を豆電球ソケットの導線につなぎます。取っ手を回していくと、豆電球に明かりがつきます。

実験セットはできるだけ多い方がいいでしょう。一人に一セットは準備ができないので、二人に一セットずつ準備ができればよいでしょう。

「強い力で回す」「速く回す」など、回し方を変えながら気づいたことがあれば出させます。「強い力で回したら明るくなった」とか「速く回すと明るくなる」などの感想が出されたらよいと考えます。「回して疲れる」まではいかないにしても、動かさないと豆電球に明かりがつかないことには気づくことができます。

〈3時間目〉

ねらい：豆電球をたくさん光らせるためには、手回し発電機を回す力がたくさん必要なことがわかる。

> **課題3** 手回し発電機で豆電球を1個光らせるときと、同じ明るさで5個光らせるときでは手回し発電機を回す力は同じでしょうか。

たくさんの豆電球を光らせるには、それだけ

電気と私たちのくらし

たくさんの力が必要になります。同じ明るさで豆電球1個を光らせるときと、5個を光らせるときの手ごたえの違いを確かめていきます。ここで大切にしたいことは、1個も5個も同じ明るさで光らせるということです。「同じ明るさで」ということがよくわかるように、最初に教師が光る様子を示してみることも大事です。ソケットは5個を並列につなぎます。子ども達に実験をさせるときは、まず5個付けた状態で回させます。次に、1個ずつ豆電球をゆるめていきます。だんだん回すのが楽になるのがわかります。

※（詳しくは後の授業展開例を参照）

##〈4時間目〉

ねらい：100Vの電球は、たくさんの手回し発電機を使わなければ光らないことに気づく。

| 課題4 | 12台の手回し発電機を同時に回転させたとき家庭用の電球は光るでしょうか。 |

まず豆電球をソケットにつなぎ、乾電池をセットして明かりをつけて見せます。次に家庭用の100V 40Wの電球を用意し、1.5Vの乾電池1個で電球が光るかたずねてみます。「できない」という子が多いと思うので、2個、3個、・・・と増やしていくと電球が光ってくるのがわかります（この実験には、カーテンレールや教室の窓のレールの上に乾電池を並べていくとうまくいきます）。

乾電池を直列にたくさんつなぐと家庭用の電球にも明かりがつくことがわかったところで、手回し発電機の数を増やしても家庭用の電球がつくかどうか聞いていきます。

〈用意するもの〉【手回し発電機（12台）・家庭用の40W電球】（12台を回すことができるようにグループを調整しておく。）

2次　電気はためて利用することができることを知る。

〈5時間目〉

ねらい：ためた電気を利用している道具があることを知り、手回し発電機やコンデンサーを使って、電気がためられることを知る。また、LEDの特徴を知り豆電球より長い時間点灯できることを知る。

| やってみよう |
| アルミ箔で囲んだコップに、静電気をためてみます。みんなで輪になって、ためた電気の伝わり方を確かめましょう。 |

みのむしリード線付き
コンデンサー
2.3V（最大使用電圧）

「百人おどし」という実験があります。2つのプラコップの外側にアルミホイルを巻きコッ

プを重ねます。ティッシュペーパーなどで塩ビパイプをごしごしとこすり、塩ビパイプをアルミ箔に近づけます（塩ビパイプとアルミ箔が触れないよう注意）。これを何回も繰り返すと、コップに静電気がたまってきます。何人かが輪になって手をつなぎ1箇所だけ手をつながずに開けておきます。端の一人が外側のアルミホイルを掴み、もう一人が指を飛び出たアルミホイルに近づけると、手をつないだ全員に静電気が伝わってビリッと来る実験です。

100人おどしで電気がためられること、ためた電気を流すことができることを知ったところで、コンデンサーを紹介します。コンデンサーに、手回し発電機をつないで電気をためます。

コンデンサーをつなぐときは、極性に注意してつなぎます。コンデンサーに手回し発電機で電気をためてLED電球を光らせたり、ブザーや電子オルゴールを鳴らしたりしてみましょう。LEDの電球にも極性があるので気を付けて実験します。

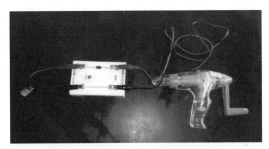

手回し発電機にコンデンサーをつなぐ

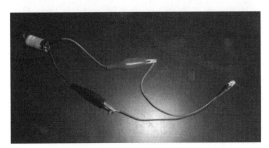

コンデンサーにLEDをつなぐ

〈**6**時間目〉

ねらい：LEDは同じ量の電気で、豆電球より長い時間点灯できることを知る。

| 課題5 | 同じコンデンサーを使うと、豆電球とLED電球ではどちらの方が長く光りますか。 |

豆電球の方が早く電気が消えるので、わかりやすい実験です。LEDは暗めなので、明るいLEDを選んでおくとよいと思います。

〈**7**時間目〉

ねらい：電気自動車はたくさんの電気を蓄えて使っていることを知る。

| 課題6 | 電気を蓄えて使っているものにはどんな物がありますか。 |

児童からは携帯型ゲームや携帯型電話端末などがあげられると思います。充電が直接電荷を蓄積するのに対し、蓄電は電気エネルギーを化学エネルギーに変換して蓄積させるので、微妙に意味は違いますが、小学生の段階では、同じに扱ってよいと思います。

| 発展 | たくさん電気を蓄えているものにはどんな物がありますか。 |

児童から出されたものの中で、一番たくさん電気を蓄えているものについて調べてみます。電気自動車などが紹介できるとよいと思います。

3次　ニクロム線に電気を流すと発熱し、高温になると発光することを知る。

〈**8**時間目〉

ねらい：ニクロム線に電気を流すと発熱し、高温になると発光することを知る。

| やってみよう |
| 導線に電気を流します。どのようになるか観察しましょう。また、シャープペンシルの芯に電気を流してみましょう。 |

ニクロム線に電気を通して発熱させ、発泡スチロールなどを切ってみます。高温になるので

電気と私たちのくらし　59

教師実験で行います。

次に、シャープペンシルの芯に電気を流します。電源装置を使って少しずつ電圧を上げると、発熱からさらに発光につながることがわかります。豆電球や家庭用の電球が、この働きを利用したものであることも確認できます。エジソンが長時間光り続ける白熱電球を発明したとき、日本の竹をフィラメントの材料に使ったという話を付け加えてもよいでしょう。

授業展開の例

| 3時間目 | 「手回し発電機で豆電球を1個光らせるときと、同じ明るさで5個光らせるときでは手回し発電機を回す力は同じでしょうか」の授業 |

【ねらい】豆電球をたくさん光らせるためには、手回し発電機を回す力がたくさん必要なことがわかる。

●授業の準備と進め方

〈用意するもの〉 手回し発電機（3V用）・豆電球（3.5V球※）5個・ソケット5個を各グループに1セットずつ。※豆電球は1.5V球では切れてしまうので注意。

課題を書く前に、実験方法を確認していきます。

豆電球を手回し発電機につなぎ、きちんとつくかどうか確認しておくことも大切。また細かいことですが導線の先はしっかりと被覆がはがされ、手回し発電機のワニ口クリップにスムーズにセットできるように確認しておきます。

最初に、教師が実験の手順を見せながら課題を提示します。手回し発電機は回すことで電気を作り出すことのできる道具であることは前の時間学習しているので、たくさん回すとたくさん電気を送れるという考えに辿り着きやすいと考えます。

課題について各自の考えを記入し発表させます。このとき、自分の考えとの共通点・相違点に着目して聴くように伝えます。一通りの意見が出されたところで、友達の考えを聞いて考えたことをノートに記入し、実験に入ります。

実験はグループ毎に行い、1個のとき、5個を並列につないだときの順番で進めるよう指示します。また、回す人とソケット（豆電球）を持つ人を決め、交代で回していくことを確認します（一人一役で行い、遊んでしまう児童がいないようにします）。

実験の結果がわかったところから、「結果とわかったこと」を記入します。最後は、何人かの児童に発表してもらいます。

●導入（5分程度）

「手回し発電機に豆電球のソケットをつないで回します。」

手回し発電機に豆電球1個をつないだものを用意し、手回し発電機を回してみます。豆電球の明かりがつくことを確認すると共に、手回し発電機を回すことで電気が発電され、豆電球が光ったことを確認します。

●本時の課題把握（5分程度）

「手回し発電機で豆電球を1個光らせるときと、5個光らせるときでは、手回し発電機を回す力は同じでしょうか。」

課題や自分の考えを書かせる前に、実験方法を確認する。手回し発電機に豆電球を1個つないだときを示したら、5個を並列につないだときのつなぎ方などを見せておきます。また、課題については「力」がポイントになりますが、ここでは「手ごたえ」であることをおさえておきます。

●自分の考えを書く（5分程度）

○手ごたえは同じだと思う。
- ・同じ3.5Vの電球を使うから同じ。
- ・豆電球5個くらいでは、回す手ごたえは同じだと思う。

○5個の方が手ごたえが強いと思う。
・5個もつなぐから、それだけたくさん電気をつくらなければならないから。
・5個の電球の分だけ電気をつくらなければならないので、手回し発電機をたくさん回さなければならないと思う。

○1個の方が手ごたえが強いと思う。
・1個の方が電気がよく流れる分、勢いよく回すと思うから、手ごたえが強いと思う。

○見当がつかない。

見当がつかなかったり、理由がうまく書けなかったりする児童については、友達の意見を聞いてから記入してもよいことを伝えます。

●**考えを発表する（5分程度）**

「（回す力は）同じ」、「違う（5個の方が手ごたえが強い）」、「違う（1個の方が手ごたえが強い）」とそれぞれの意見が出たところで、それらの理由について確認します。例えば、「たくさん回す」という意見については、回数なのか手ごたえなのか、確認していきます。場合によっては、児童から「1個の方が軽いからたくさん回ると思います」などの意見が出ると思うので、課題提示で確認した「手ごたえ」について考えさせていきます。

●**友達の意見を聞いての記入（5分程度）**

友達の意見を聞いて、自分と同じところ、違うところに目を向け思ったことを記入させます。

自分の考えが変わる子も出てくると思うので、その時は考えを変えてもよいことを伝えます。

●**実験する（10分程度）**

実験セットは、グループ毎に用意しておきます。どの手回し発電機も豆電球もソケットも同じものであることを伝え、実験の注意事項を説明します。

・豆電球5個の並列回路をつくり、全員が体験します。
・手回し発電機を回す人（1人）、豆電球を持つ人（5人）で分担して実験します。
・回し終わったら役割を交代し、スムーズに実験を進めます。
・「手ごたえ」を確かめること。
・全員が体験したら、回路はそのままにして豆電球を1個ゆるめ4個、さらにゆるめ3個…と減らしながら実験します。

●**実験の結果とわかったことの記入（5分程度）**

実験が終了したグループから実験の結果とわかったことを記入させます。「豆電球5個の時の方が1個の時より手ごたえが強かった」とか「豆電球5個の時の方が手ごたえが強かったので、豆電球5個の時の方がたくさん電気を使うことがわかった」ということが記入できていればよいでしょう。なかなか記入できない児童については、まずは実験の様子を書いていくよう勧めます。

●**発表する（5分程度）**

実験の結果とわかったことを発表する。

生物どうしのつながり

～生物と環境～

元東京都多摩市立瓜生小学校
佐久間 徹

生物は、食べ、食べられる関係（食物連鎖）の中で生きている。だが子どもたちは、食う食われる関係なんて人間には関係ないと思っていることが多い。人間もこの生物界のつながりの中にいて、つながりから離れて生きることはできないことを少しずつ実感できるようにしたい。

だが、本単元は、実験を通して事実に迫るような授業を計画することが難しく、子どもの調べ活動に任せたり、説明中心の授業になりやすい。また、小学校の授業に使えて判りやすい資料はネットを検索しても見つかりにくい。そこで入手可能で参考になる書籍を元に、食物連鎖の簡潔な関連図の試作も試みた。一方、各社の教科書を見比べると、食物連鎖のわかりやすい図が扱われていることもある。機会があれば、使用教科書以外も見ておきたい。利用できそうな図表は、デジカメやスキャナでデータ化しておくと授業計画を具体化しやすい。

◆単元のねらい

人間も含めてすべての生物は自然とのかかわりの中で生きていることがわかる。
①生物は食べる食べられる関係（食物連鎖）の中で生きていること。
②人間も食物連鎖の影響の中にいること。
③海の生物も、陸上にある森などの影響を受けていること。
④人間の生活は、大気や土を汚染したり自然環境を変えたりしていること。
⑤これからの人間のくらしと、自然とのかかわりを考え、さまざまな環境の変化を知ること。

◆授業計画（全6時間）

1時間目　食物連鎖の具体例を知る
2時間目　食べる生物と食べられる生物の数の違い
3時間目　食物連鎖が人間に大きく影響した「水俣病」
4時間目　陸と海との関係「森が海をそだてる」
5～6時間目　人間のくらしと地球（空気）の変化
※未来に影響する環境問題を知る調べ学習も、時間を考慮して計画したい。

◆授業時間毎の概要

第1時　食物連鎖についての具体例を知ろう

ねらい：生物は食べたり食べられたりする関係（食物連鎖）の中で生きている。

用意するもの
◎教科書等の次のような拡大図
・地域で見られる食物連鎖や、海の食物連鎖の事例図（参考資料⑧からの拡大などで）
・児童数のプリントも（資料は学校近辺の例）

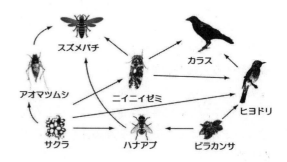

展開の例
(1) 次のような話から導入して、課題を出す。
　「人間は生きていく上で、いつの間にか自然を汚したり、変えたりして暮らしています。自然のしくみを知ることで、これから私たちは、

このままの生活でよいのか。何かできることはないのかを考える勉強をします」さて、「生物は、何かを食べないと生きられません。まず、動物の食べ物のつながりを見てみます」

そして、次のような課題を出す。

課題1] 動物（ライオン、マグロ、タカなど）の食べ物をたどると、最後は何になるでしょう。

---

(2) ［自分の考え］をはっきりさせる。

「まず3つの例の動物で考えて書いてみよう」と問いかけ、［自分の考え］を書く時間を5分ほど設ける。その後数人から発表させる。机間指導で代表的な記述に見当をつけておく。子どもの発表を板書する。

植物から先のところで下記の例のように→矢印が止まるので、植物の主な栄養は何だろうか？と質問し、1学期の学習を生かして「光合成」の視点を加えたい。

＊ライオン→シマウマ→草や木の葉→？（光合成）

＊マグロ→イワシなどの小魚→動物プランクトン→植物プランクトン→？（光合成）

＊タカ→ツバメなど小型鳥→カマキリ→バッタ→草→？（光合成）

自分の考えが書けている子にノートを発表させ、食物をたどっていくと植物に行き着くことが鮮明になるように話し合わせたい。

C：ライオンはシマウマなどを食べて、シマウマは草を食べる。だから食べ物をたどると草になると思う。

C：海の生き物も、シャチとかマグロは小さな魚を食べ、小さな魚はもっと小さな魚を食べて、小さな魚はプランクトンを食べて、そのプランクトンは、海そうみたいな植物を食べる。

C：学校の近くの例では、カラス→セミ→サクラとなっていて、最後は植物のサクラです。

C：スズメバチ→ハナアブ→サクラってなっているから、スズメバチって肉食だとわかった。

カラスがヒヨドリも食べるなんてビックリ。

C：質問。アフリカでも海でも学校の近くでも、食べ物の最後は植物になるみたい。でも植物って、何を食べるんだっけ？

T：1学期の植物のくらしの勉強では、どんなことが確かになっていましたか？

C：植物は葉の緑の部分で、自分で生きるのに必要なもの、栄養？を作るんだっけ？

C：それ、光合成だっけ？（そうそう）

C：根からの水と二酸化炭素を使って、葉の緑色の所、葉緑素で太陽の光をエネルギーにしてデンプン？を作るんだっけ？

C：植物は、そうやって自分に必要な栄養分は、自分で作っているわけね。それを動物が食べちゃってるわけ。何かずるいような…？

C：というか、動物は植物がいなくなったら、みんな死んじゃうのかなあ？

C：他の動物を食べればいいんじゃない？

C：でも、他の動物を全部食べちゃったら？

C：え〜っ！やばいんじゃない！動物全滅？

(3) ［人の意見を聞いて］を書く時間を設ける。

出し合った意見の中で共感したことや、特に自分が考えを変えた場合、そのきっかけになった人の意見を書くように話しておく。書き終えたら、数人から発表してもらう。

C：ライオンがシマウマなどを食べ、シマウマは草を食べることは知ってたけど、植物がどうやって生きてるか、考えたことがなかった。植物が必要な栄養を自分で作って生きているなんて思ったこともなかった。1学期の植物のくらしの光合成が、とても大事だと感じた。

C：肉食動物の食べ物、草食動物の食べ物を追いかけていくと、最後は植物になった。でも植物は必要な栄養物を自分で作っていた。1学期に勉強した光合成のことが、とても大事そうだ。

(4) ［事実を確認］する（実験の代わり）

実験が出来ないため、資料などで「調べる」。

生物どうしのつながり　63

＊教科書の資料で調べる。学校図書の教科書「食べ物をとおした生物どうしの関係」という資料や、大日本図書「動物とその食べ物」、啓林館「食べ物を通してのつながり」なども活用できる。

＊参考資料⑦にあげたDVDなどで、海の生物の食う食われる具体例を示してもわかりやすい。レンタルビデオ店にもある。場面をよく選び、10分弱で見せるように準備するとよい。

(5) [調べたこと.確かになったこと]を書く。
　　食物連鎖をたどると植物にたどり着くことをはっきりと書けるようにしたい。

C：肉食動物→草食動物→植物ということが確かになった。アフリカの草原でも海の中でも、学校の近くの生き物たちもそうだ。海の生き物の食う食われる世界をDVDでみたら、シャチやサメやイルカやアザラシがすごくたくさんのサバとかイワシなどの小魚を大量に食べていた。サバとかイワシ、ものすごくたくさんのプランクトンを食べて動物プランクトンは植物プランクトンを食べるそうだ。食べられる植物たちは、必要な栄養分を光合成で自分で作っていることも、1学期の勉強から思い出した。植物がなくなったら、動物たちは生きていけないかも。

（第2時以後の展開例も、1時間目と同様に進行）

第2時　食べる生物と食べられる生物の数の違い

ねらい：食べる生物より食べられる生物は数が多い。

用意するもの

参考資料①にある以下の資料のプリントを児童数

読み物①「害虫を増やしてしまった農薬散布」
読み物②「食べる生物と食べられる生物の量」

展開の例

(1)「ヨコバイはイネを食べる害虫です。長野県のある水田で、1963年夏の1日に飛んできたヨコバイの数を調べたら、10年前の2500倍にもなっていました」と話して課題を出す。

> **課題2**　イネの害虫を殺す農薬を毎年まいてきたが、害虫は増えてしまったのはなぜだろう。

(2) まず[自分の考え]を書く時間を設ける。ヨコバイを減らすのは、農薬以外に何かあるのかを考えさせる。ヨコバイを食べる何か天敵（クモ）を予想し、それが減ったかもしれないことに思いが及ぶように、食う食われる事例を思い出させる。

(3) [人の意見を聞いて]を書く時間を設ける。書けた中から数人に発表してもらう。

(4) [事実を確認]する（実験の代わり）
「害虫を増やしてしまった農薬散布」などの資料を読んで、事実に迫れるようにしたい。
読み物①害虫を増やしてしまった農薬散布
（概略。詳細は参考資料①を。以下同様）
　イネを食い荒らす害虫を退治するため6〜7月に農薬散布した。だが8月に害虫が大発生。なぜ害虫が増えたのか……。農薬散布が、クモやカエルまで殺した。クモやカエルは、害虫をエサにしていた。害虫を食べる動物が減ったので、かえって害虫たちが生き残って増えた。（中略）農薬をまいても害虫が大発生したのは、水田の「食物連鎖」の鎖のつながりを人間が切ってしまったからだった。

(5) [調べたこと.確かになったこと]を書き、数人から発表してもらう。

C：農薬でクモやカエルが減り、エサになっていたヨコバイが増えてしまった。それでヨコバイが、もっと増えた。食う食われるのつながりを見ないで農薬は使えないと思った。知らないところで、もっと食物連鎖をダメにしているかもしれないと思った。

(6) [つけたし]次の読み物を読む。

読み物②食べる生物と食べられる生物の量
　食べる生物と食べられる生物では、どちらが

64　小学校6年

多いか。ある調査から紹介する。フクロウ1匹がひと夏に食べるハタネズミは約1000匹。その約1000匹のネズミたちが食べるイネ科の野草は、約1000kgとのこと。イネ科の草不足→ハタネズミの数が減少→フクロウも生きられない、ということになる。

1957年2月8日朝日新聞記事「木曽谷ネズミ騒動記」の例からも紹介する。この年は120年ぶりにササ（イネ科）が実を結んだ。大量のササの実→エサにしてハタネズミ大量発生→タカ、ノスリ、ヘビなども食べきれずハタネズミの大群、となった。
（「木曽谷のネズミそうどう」より）

(7) ノートに［つけたし］を書く。

※）参考資料　海岸近くの生物現存量の一例

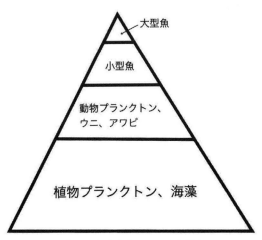

生物のふえ方を基にしてみた場合

第3時　水俣病の原因は何だろう

ねらい：人間のくらしも、生物界のつながりの影響を受けている。

用意するもの
◎掲示用の九州地方の地図
　参考資料①にある以下の資料のプリントを児童数
◎読み物③「魚の大量死」
◎読み物④「水俣病の原因は？」

(1) 地図で水俣湾の位置を確認し、水俣病のことを話す。「1953年頃から熊本県水俣市沿岸の漁民たちに、水俣病とよばれる病気にかかる人が大勢いました。脳や神経がおかされるため、手の指が曲がる、目がよく見えなくなる、寝たきりで起きることができない、やがては命を落とすという大変に恐ろしい症状でした。その病気にかかる人が多く出ました。後日わかった水俣病の原因は、工場がたれ流した有機水銀が体内に入ったからでした。」

> **課題3］** 工場がたれ流した有機水銀が体の中に入ったために水俣病になった。有機水銀は、どのように人の体の中に入ったのだろうか。

(2) ［自分の考え］を書き、意見を出し合う。
(3) ［人の意見を聞いて］を書き、数人から発表。
(4) ［調べる］次の2つの資料を読み、事実に迫る。

読み物③「魚の大量死」

1959年2月～10月の水俣湾調査で次のことがわかった。川から流れ込む栄養分（チッ素やリンなど）がふえて、植物プランクトンやそれを食べる動物プランクトンもふえた。

有機水銀に汚染されたプランクトン→有機水銀がカタクチイワシの体内へ→カタクチイワシの体内にたまる→イワシを食べたタチウオの体内にたまる→イワシやタチウオを食べた生物・人間の体内にも有機水銀がたまっていった。

読み物④「水俣病の原因は？」

胎児性水俣病という、生まれた赤ちゃんが水俣病にかかっているという大変なことも起きた。母親が魚を食べ、魚にたまっていた有機水銀が胎盤を通して子宮内の胎児にわたったからだ。1964年ごろ新潟県で第二水俣病が発生した。工場が阿賀野川にたれ流した有機水銀が原因だ。有機水銀は、ブランクトンや水生昆虫→ニゴイやウグイなど小魚→ウナギやナマズなど中型魚→ヒトへ、という「食物連鎖」によって人体にためられた。

(5) ［調べたこと・確かになったこと］と、発表。
(6) ［つけたしの話］を聞く

【福島の原子力発電所の事故で、近くの海底に

生物どうしのつながり　65

すむ魚を食べられなくなった原因は？】

　福島の原子力発電所が爆発し、セシウムなどの放射性物質がまき散らされた。放射性物質は放射線を出す。これが体の中に入ると放射線がガンなどの病気を起こしやすくする。放射性物質は、地上にも川や海にも降った。……海底にすむ魚（カレイやヒラメなど）の体内に放射性物質が多く入ったため、食べることができなくなった。海底の泥に放射性物質が含まれると、海ソウやプランクトン→小魚→大きい魚という「食物連鎖」を通して肉食の魚にも放射性物質がとり込まれて濃くなるためと考えられる。

(7)［追加参考資料］時間的に余裕が出来たら、海底近くにすむ魚のくらしや、参考資料⑩の図なども参考として示しておきたい。

第4時　森が海を育てる

ねらい：陸上の森も、海の生物たちと深い関係がある。

用意するもの
◎参考資料③にある「魚の森」松永　勝彦11～12ページ「森と海をつなぐ川」。◎同書「魚の森」の「海の砂漠」9ページの写真。

展開の例

(1) 上記『海の砂漠』の写真を見せ、日本の沿岸の海が白い砂漠のようになり魚がとれなくなった所ができたことを話してから、次の課題を出す。

> ［課題4］日本の沿岸で海ソウも生えない海の砂漠のようになり、魚がとれない場所が出てきた。この原因は、どのように考えられるだろうか。

「白くなったのは、どうして？」などの質問には『魚の森』8～9ページ「磯焼け」を紹介する。白いのは磯焼けという海ソウが生えなくなった所だと伝える。「有害なものは？」の質問には、特有の病気は出ていないことを説明する。

(2)［自分の考え］を書き、意見を出し合う。

「海ソウがなくなったから、魚もいなくなった」「工場排水から有害な物が出たかも」等の意見が出されよう。それを元に、特有な病気は出ていないことを再確認し、汚染とは違うことに着目させる。何か大切なものが不足しているのではないか、といった視点へ向かわせたい。

(3)［人の意見を聞いて］を書く。数人から発表。

(4)［調べる］→「森と海をつなぐ川」を読む。可能なら参考資料⑤も読み聞かせしたい。

(5)［調べたこと・確かになったこと］と、発表。必要に応じて次の海の食物連鎖図も使う。

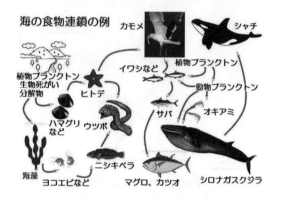

第5時　地球温暖化と二酸化炭素

ねらい：地球温暖化の原因といわれる二酸化炭素は、人間の活動によって増えている。

用意するもの
参考資料①にある以下の資料のプリントを児童数
◎「大気中の二酸化炭素量の変化」のグラフ
◎読み物「大気中に二酸化炭素が増えるのは？」

展開の例

(1) 地球は空気の層に包まれ、大気と呼ばれます。大気は主に窒素4/5と酸素1/4が混ざった気体です。二酸化炭素は3/1000～4/1000ほどしかないが、最近は増えているそうです。そう話し、「大気中の二酸化炭素の量の変化」グラフを示した後で次の課題を出す。

課題5） 大気中の二酸化炭素の量が増えている
理由は、何だろうか。

(2)［自分の考え］を書き、意見を出し合う。
ものの燃え方や気体の学習から考えさせたい。

C：ものを燃やす実験で二酸化炭素ができたか
ら、たくさん燃やしていると思う。工場と
かで。

C：自動車も石油を燃やすから、二酸化炭素を
出していると思う。

C：植物は光合成で二酸化炭素を使うけど、い
ま世界中で森が減っているらしいから、それ
も二酸化炭素が増える理由だと思う。等々

(3)［人の意見を聞いて］を書き、数人から発表。

(4)［調べる］参考資料①から用意した読み物「大
気中に二酸化炭素が増えるのは？」を読む。

(5)［調べたこと.確かになったこと］を書く。

第 **6** 時　工場や自動車などによる公害

ねらい：酸性雨が降るのも、人間の活動と深く
かかわっている。

用意するもの
　◎集気びんとふた　◎燃焼さじ　◎イオウ◎
酸素　◎青色リトマス紙　◎マッチ

展開の例

(1)「酸性雨が降ったと聞いたことがありますか。
レモン汁くらいの酸性の雨が降ったところも
あります」と話してから、次の課題を出す。
レモン汁を炭酸カルシウム（チョークの粉）
にかけ、発泡する様子を見せても良い。

課題6） 酸性雨が降るのは、どうしてだろう。

(2)［自分の考え］を書き、話し合う。気体や
水溶液の性質の学習を参考にしたい。教科書
の酸性雨の資料も参考になる。

(3)［人の意見を聞いて］を書く。数人発表。

(4) 実験（※教室の換気に注意する）

ア）次の手順で、イオウを酸素中で燃やし、酸
性の水溶液を作る。喘息気味の子がいる場合
は、煙を吸わないように換気を十分に行い、

その子は実験装置から遠くに離れるようにす
る。

・集気びんに水上置換で酸素を集め水を少し残
す。

・イオウを燃焼さじに入れ、マッチで点火する。

・点火したイオウを集気びん内の酸素に入れる。
イオウは青い炎を出し激しく燃える。炎が小
さくなったら、燃焼さじをとり出し水に入れ
て炎を消す。

・集気びんにふたをしてよくふる。イオウが燃
えてできた二酸化イオウが、水に溶けて酸性
の水溶液になる。それを青色リトマス紙で確
認する。

イ）工場や自動車などの排気ガスには、二酸化
イオウなどが含まれている。それが雨水に溶
けると「酸性雨」になることを伝える。

(5)［実験したこと.確かになったこと］を書く。

(6)［資料探しとレポート作り］は自由課題用に。

　森林破壊、環境ホルモン、海洋汚染、酸性雨、
産業廃棄物、アスベスト、大気汚染、農薬によ
る環境汚染、水俣病、そして放射性物質による
土や食物汚染など考える課題は多い。温暖化は
そのひとつで、二酸化炭素には限定できない諸
課題がある。環境に関わる多様な問題があるが、
それらの解決には時間はかかるが、方法はある
ことを知るための第一歩とさせたい。

....

［参考資料や注釈］（⑥〜⑧は、主に教師用資料）
① 『本質がわかる•やりたくなる理科の授業6
年』 江川 多喜雄　子どもの未来社
② 『理科や算数が好きになる　5年生の読みも
の』収録　真船 和夫「木曽谷のネズミそう
どう」 学校図書
③ 『理科や算数が好きになる　6年生の読みも
の』収録 「森と海をつなぐ川」松永 勝彦
学校図書

生物どうしのつながり　67

④写真絵本『さかなの森』松永 勝彦 フレーベル館
⑤『よみがえれ、えりもの森』本木 洋子 新日本出版社 魚がとれなくなった襟裳の海を襟裳岬に植林することで再生させた実際の物語絵本。
⑥『森が消えれば海も死ぬ第2版』松永 勝彦 講談社
⑦『EARTH グレート・ネイチャー』DVD BBC放送（レンタルビデオも可）一部分のみ使用。海の中での食う食われる関係の迫力ある記録映像。
⑧『食物連鎖の大研究』目黒 伸一（監修）PHP出版 食物連鎖の事例を大判図面として具体的に例示。64ページの図は「海の食物連鎖」例を元に改変した。他に植物のはたらき、陸、湖沼、干潟、山里、きびしい環境、それぞれの食物連鎖例の図解あり。
⑨子どもたちの生活圏で見られる食物連鎖の具体例として
（東京都府中市にあるNEC研究所敷地内での食物連鎖ピラミッドの事例）

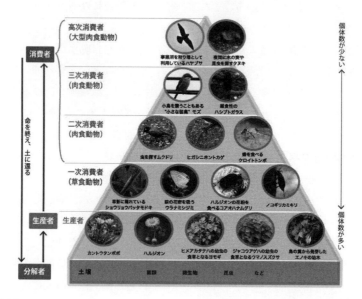

⑩食物連鎖と生物濃縮の図
山崎 慶太・他 編著『高め合い学び合う中学理科の授業 3年第2分野』大月書店より

※）本稿利用の図版データには、筆者試作のものもあります。データが必要な方は、本の泉社にご連絡くだされば、メール添付などでお送りします。

◆おわりに◆

　６年生の子どもが、卒業文集にこんなことを書きました。「今までは教科書に出ていることや黒板に書いてあることをノートにうつして、それをただ覚えることが勉強だと思ってきました。けれど、理科で『課題』について自分の考えを書くような授業と出あい、こんなやり方ははじめてだったから、最初はとまどってしまいました。でも、正解を書くんじゃなくて、自分で考えたことや頭にうかんできたことをそのまま書けばいいと思いました。そして、実験をすると、私が予想したことと結果が大違い。でも、自分で一生懸命考えたから、結果が違っていてもそれが勉強になるんだと思いました。はじめは不思議に思えたことが、あとからあとからどんどん分かっていき、『あぁ、なるほど!!』『だからこうなるんだ』と考えられるようになりました。今では理科の授業が待ちどおしくて、『課題』を自分で考えるのが大好きになりました」。

　理科の学習は、自分で考えた予想が目の前の事実でたしかめられるおもしろさがあります。それだけに、子どもたちが推論できるようにどんな順序でどんななげかけをしていくかが授業ではだいじなポイントになります。

　本書は、月刊雑誌『理科教室』※の近年の記事を元に、よりわかりやすく加筆改訂し、構成を整理して出版しました。授業の準備や授業づくりの参考にどうぞご活用ください。

　　　　　　※　『理科教室』（本の泉社）は、民間の理科教育研究団体の科学教育研究協議会（科教協）が責任編集する月刊誌です。

◎授業づくりシリーズ『これが大切　小学校理科○年』編集担当

小佐野正樹：６年の巻《本巻》

玉井　裕和：５年の巻

高橋　　洋：４年の巻

堀　　雅敏：３年の巻

佐久間　徹：１＆２年の巻（生活科）

◎連絡先（困りごとやご相談など）

　授業の進め方、教材など困ったことがあれば、初歩的な質問でも、
　お気軽にどうぞ。

【郵便・電話の場合】　下記「本の泉社」宛に伝言やFAXで。

【メールの場合】taiseturika@honnoizumi.co.jp

【科教協ホームページ】https://kakyokyo.org

　このホームページには、研究会や全国のサークル情報を掲載しています。

◎出版　本の泉社

　〒113-0033　東京都文京区本郷2-25-6-1

　mail@honnoizumi.co.jp

　電話03-5800-8494　FAX03-5800-5353

授業づくりシリーズ

これが大切　小学校理科6年

2018年12月13日　　初版　第1刷発行©

編　集　小佐野 正樹

発行者　新舩 海三郎

発行所　株式会社 本の泉社

〒113-0033 東京都文京区本郷2-25-6

　　TEL. 03-5800-8494　FAX. 03-5800-5353

　　http://www.honnoizumi.co.jp

印刷　日本ハイコム株式会社

製本　株式会社 村上製本所

表紙イラスト　辻 ノリコ

DTP　河岡 隆(株式会社 西崎印刷)

©Masaki KOSANO
2018 Printed in Japan

乱丁本・落丁本はお取り替えいたします。

ISBN978-4-7807-1680-1　C0040

授業づくりシリーズ

定価：本体833円＋税（税込900円）

（学年別全5冊好評発売中）

『これが大切 小学校理科○年』

小学校での実際の理科授業の経験を元に、現在の教科書に合わせて中味や授業の準備、授業の進め方をよりわかりやすく整理しました。活用しやすいように各学年別の分冊です。奥付のメルアドでどうぞ質問等も！

◎6年の巻の内容（編集担当：小佐野 正樹）
ものの燃え方／植物の体とくらし／生物の体をつくる物質・わたしたちの体／太陽と月／水溶液の性質／土地のつくりと変化／てこのはたらき／電気と私たちのくらし／生物どうしのつながり　　　　　　　　　　　　　ISBN978-4-7807-1680-1　C0040

◎5年の巻の内容（編集担当：玉井 裕和）
台風と天気の変化／植物の子孫の残し方／種子の発芽条件／さかなのくらしと生命のつながり／ヒトのたんじょう／流れる水のはたらきと土地のつくり／電流がつくる磁力＝「電磁石」／「物の溶け方」の授業／「ふりこ」から「振動と音」へ　ISBN978-4-7807-1679-5　C0040

◎4年の巻の内容（編集担当：高橋 洋）
四季を感じる生物観察をしよう／1日の気温の変化と天気／電気のはたらき／動物の体の動きとはたらき／月と星／物の体積と空気／もののあたたまり方／物の温度と体積／物の温度と三態変化／水のゆくえ　　　　ISBN978-4-7807-1678-8　C0040

◎3年の巻の内容（編集担当：堀 雅敏）
3年生の自然観察／アブラナのからだ／チョウを育てよう／太陽と影の動き・物の温度／風で動かそう／ゴムで動かそう／日光のせいしつ／電気で明かりをつけよう／磁石の性質／音が出るとき／ものの重さ　　　　ISBN978-4-7807-1677-1　C0040

◎1＆2年の巻の内容（編集担当：佐久間 徹）
自然のおたより／ダンゴムシの観察を楽しむ／タンポポしらべ／たねをあつめよう／冬を見つけよう／口の中を探検しよう（歯の学習）／ぼくのからだ、わたしのからだ／空気さがし／あまい水・からい水を作ろう／鉄みつけたよ／よく回る手作りごまを作ろう／音を出してみよう／おもりで動くおもちゃを作ろう　ISBN978-4-7807-1676-4　C0040

本の泉社　〒113-0033 東京都文京区本郷2-25-6　http://www.honnoizumi.co.jp/
TEL.03-5800-8494　FAX.03-5800-5353　mail@honnoizumi.co.jp

本質的な理科実験
金属とイオン化合物がおもしろい

金属というものは、とても奥が深く、語り尽くすことができません。それだけに、子どもにとっては年齢に応じて、そう、——保育園児から大学院生まで——多様な働きかけができるのです。子どもは針金を叩いたり、アルミ缶を磨いたりするのが大好きです。きっと精いっぱい手を動かすことで、頭もはたらき人間としての発達をかちとっていくからでしょう。このことを自然変革といいます。これがないと子どもは人間として一人前に育っていきません。子どもがはたらきかける対象として金属は最も優れた教材です。（『この本を手にされたみなさんへ』より一部抜粋）

前田 幹雄：著
B5判並製・192頁・定価：1,700円（＋税）
ISBN：978-4-7807-1633-7

元素よもやま話　　—元素を楽しく深く知る—

私たちのまわりにある、あらゆる物質や生物はすべて「元素」の組み合わせ でできています。私たち自身の体も、「炭素」、「酸素」、「水素」といった元素 を中心に形作られています。その「元素」は、人工的に作られたものを除くと、たかだか100種類にも満たない数しかありません。それらの元素が、くっついたり離れたりして、世界を形作っています。（はじめにより）

馬場 祐治：著
A5判並製・232頁・定価：1,600円（＋税）
ISBN：978-4-7807-1292-6

エックス線物語　　—レントゲンから放射光、X線レーザーへ—

本書は教科書や解説書ではなく、一般の人に「X線とは何か」ということについてある程度のイメージをつかんでいただくために書かれた「物語」です。ときには科学とあまり関係のない話も出てきます。ですから、あまり肩肘張らずに、気軽に読み進んでいただけると幸いです。

馬場 祐治：著
A5判並製・176頁・定価：1,600円（＋税）
ISBN：978-4-7807-1689-4

本の泉社　〒113-0033 東京都文京区本郷 2-25-6　http://www.honnoizumi.co.jp/
TEL.03-5800-8494　FAX.03-5800-5353　mail@honnoizumi.co.jp